교실 밖에서 **발견**하는 수학의 원리

디스커버리 수학 4

초등 3학년 이상

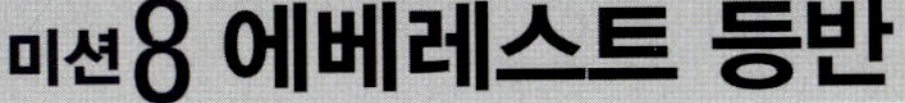

학교에서는 경험할 수 없었던 **흥미만점 수학 도전과제**

미션**7** 산에서 살아남기

미션**8** 에베레스트 등반

아울북

들어가는 말

- 생활 주변에서 일어나는 현상을 수학적으로 관찰하고 조직하는 경험을 통하여 수학의 기초적인 개념, 원리, 법칙을 이해하는 능력을 기른다.
- 수학적으로 사고하고 의사소통하는 능력을 길러 생활 주변에서 일어나는 문제를 합리적으로 해결하는 능력을 기른다.
- 수학에 대한 관심과 흥미를 가지고, 수학의 가치를 이해하며 수학에 대한 긍정적 태도를 기른다.

위의 세 가지는 바로 2009년부터 시행되는 개정 교육과정에 제시된 초등학교 수학교육의 목표입니다. 이 목표가 제대로 이루어진다면 초등학교를 마친 학생들은 수학을 친근하게 느끼고, 수학적인 사고력으로 주변에서 부딪히는 문제들을 해결해 나갈 수 있을 것입니다.
그런데 우리 어린이들은 '수학' 이라는 말만 들어도 고개를 절레절레 흔듭니다. 그냥 어려운 것이 아니라 왜 배우는지를 모릅니다. 어찌 생각하면 어른들이 어린이들을 골탕 먹이려고 만든 것이 아닐까 의심하기도 합니다.

왜 이렇게 되었을까요?

바로 우리 어른들이 아이들에게 강요한 수학 공부의 방식에 그 답이 있습니다. 우리 아이들은 초등학교 때부터 매일매일 풀어야 하는 학습지와 계산력을 높이는 반복학습형 학습지에 치여 삽니다. 왜 수학이 필요한지, 수학이 어떻게 우리 생활에 도움이 되는지, 수학을 통해서 길러지는 사고력이 얼마나 중요한지는 느껴볼 겨를이 없습니다. 오히려 반복되는 계산과 단순 문제 풀이가 아이들로 하여금 점점 수학을 외면하고 피하게 만듭니다.

영국 초등학생들이 배우는 'Using Maths - Exciting Real Life Maths Activities (수학 활용하기 – 흥미진진한 실생활 수학 활동)'는 아울북 초등교육연구소가 우리 아이들에게 수학의 재미를 찾아주고, 수학적 사고력과 실생활 활용 능력을 키워 주기 위해 소개하는 첫 번째 외국 수학책입니다.

영국 Ticktock사에서 총 12권으로 발간한 〈Using Maths〉 시리즈는 아이들이 흥미 있어 하는 12개의 분야를 뽑아, 그 분야의 생활을 통해 수학적 사고를 기르고 문제를 해결하는 경험을 하도록 구성되어 있습니다.

예를 들어 아이들이 즐겨 찾는 '동물원을 구하라' 편 (제 1권 미션1) 을 보면, 동물원에서 벌어지는 여러 가지 활동들을 보여줍니다. 어떤 동물을 동물원에 데려와서, 돌보고, 치료하고, 새끼를 낳아 키우는 과정을 보여줌으로써 현실성과 흥미를 느끼게 합니다. 그리고 그 과정에서 부딪히는 문제들을 수학적으로 사고하고 해결할 수 있도록 자료와 문제를 제시합니다. 아이들은 흥미 있는 소재를 따라가며 재미있고 자연스럽게 수학적 사고와 문제 해결 방법을 익히게 됩니다.

또한 첩보제트기 조종, 에베레스트 등반 등 모두 12가지 주제에서 과학, 지리 등 여러 가지 분야와 관련된 문제들을 해결하면서 통합적인 사고력을 키우게 됩니다. 여러 가지 직업에 대한 정보도 얻고, 미래의 그가 되어 간접 경험을 하는 것은 이 책이 선물하는 덤입니다.

〈디스커버리 수학 시리즈〉는 수학의 기본 개념을 이해하고 있는 학생들이 읽으면 좋습니다. 이런 학생들은 이 책의 활동을 따라가며 제시되는 자료들을 분류하고 활용하면서 수학적 창의성과 통합적 사고력을 키우게 될 것입니다.

또한 〈디스커버리 수학 시리즈〉는 수학의 가치를 이해하지 못하는 아이들에게도, 학교에서 배우는 수학이 사실 아주 재미있는 과목이며, 우리 생활과 밀접하게 연관되어 있다는 것을 느끼게 해줌으로써 학습 동기와 의욕을 북돋아줄 것입니다.

〈디스커버리 수학 시리즈〉는 모두 6권으로 구성되어 있습니다.

	제 1권	제 2권	제 3권	제 4권	제 5권	제 6권
미션 1	동물원을 구하라	자동차 경주에서 우승하기	스턴트맨이 되어 보자	산에서 살아남기	화성 탐사	초고층 건물 세우기
미션 2	나는야 과학수사대	날아라! 첩보제트	도전! 익스트림 스포츠	에베레스트 등반	체험! 종합병원 응급실	롤러코스터 설계

아울북 초등교육연구소

이렇게 활용해요

수학은 우리가 살아가는 데 중요한 역할을 합니다. 게임을 하거나 자전거를 탈 때, 쇼핑할 때 등 사실 하루 종일 수학이 사용되지 않는 곳이 없어요. 일을 할 때에도 누구나 수학을 사용할 필요가 있답니다. 여러분이 잘 느끼지 못할 수 있지만, 살아남기 위해서도 수학을 이용한답니다. 이 책을 통해 여러분은 살아남기와 같은 실제 생활의 자료와 사실을 가지고 흥미로운 수학 활동을 할 거예요. 수학적 사고력을 키우고 또 한편으로는 정말로 숲속에서 위험에 처했을 때 살아남는 법을 배울 수 있게 될 것입니다.

다음을 보면 이 흥미로운 책을 효과적으로 활용하는 데 도움이 될 거예요.

살아남는 방법에 대한 읽을거리

생존 비법

숲속에서 길을 잃게 되고, 길을 찾아나가는 방법부터 위험을 피하는 방법까지 알아봅니다. 이 비법은 실제로 숲속에서 길을 잃었을 때 수학적 내용을 이용하여 상황을 해결해낼 수 있도록 도와줘요.
몇몇 질문의 답을 찾기 위해, **DATA BOX**에서 자료를 수집하는 것이 필요하며, 때로는 도표나 도형 또는 문장으로부터 자료와 사실을 찾아야 합니다.

준비가 되었나요? 그렇다면 지금부터 수학이 살아남는 데 어떤 도움이 되는지 알아볼까요?

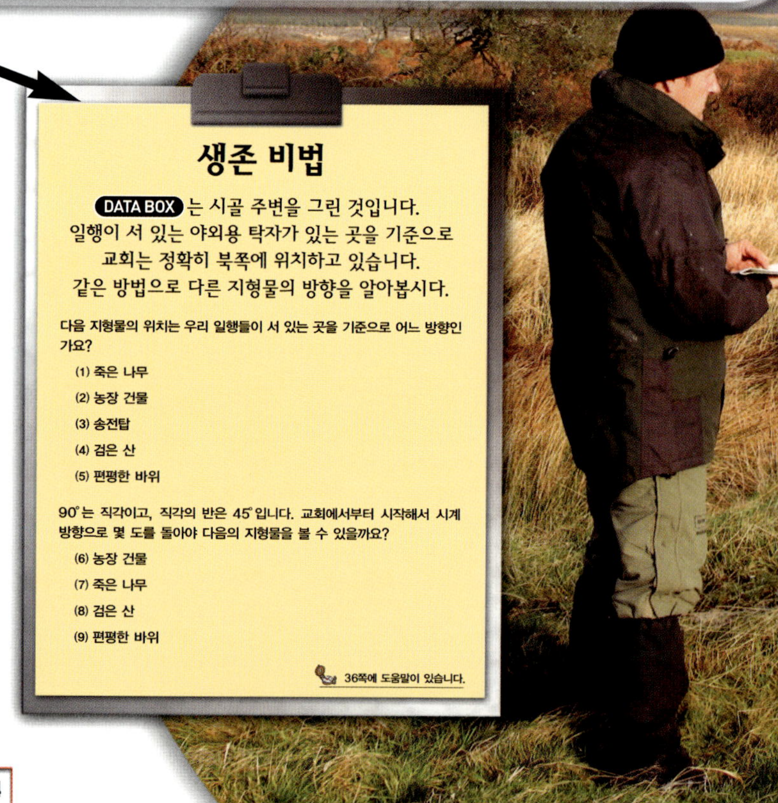

DATA BOX

이 박스에는 여러분의
수학적 활동을 도와주는
중요한 자료들이 있어요.
이 자료를 충분히
활용해 보세요.

도전 문제

자신 있다면
이 문제에 도전해 보세요.

마무리 도전 문제

11개의 이야기를 통해 살아남는 방법을 모두 익혔다면, [마무리 도전 문제]를 통해 실력을 한 단계 업그레이드 시켜 보세요.

성공을 위한 팁

도전 중 도움이 필요하다면, [성공을 위한 팁]에 여러분을 도와줄 설명이 있답니다.

이해를 돕는 개념 설명

만일 [성공을 위한 팁]의 내용을 좀더 깊게 알고 싶다면, [이해를 돕는 개념 설명]을 참고해 보세요.

정답 및 해설

72-79쪽에서 정답을 확인해 보세요. 정답을 보기 전에 가능한 모든 방법을 찾아보고, 깊게 생각해 보기 바랍니다.

주제와 관련된 재미있는 이야기

목차

미션7 산에서 살아남기

생존 방법은 왜 알아야 할까	10
생존에 필요한 장비	12
나침반으로 방향 찾기	14
해를 보고 방향 찾기	16
숲속에서 길을 잃었어요!	18
은신처 만들기	20
불 피우기	22
물 찾기	24
식량 모으기	26
강 건너기	28
위험에 대처하기	30
구조 신호	32
마무리 도전 문제	34
성공을 위한 팁	36
이해를 돕는 개념 설명	38

미션8 에베레스트 등반

에베레스트 산을 등반하기 전에 … 42

에베레스트 산 … 44

체력 훈련 … 46

에베레스트 산의 역사 … 48

등반 장비 … 50

등반의 시작! 베이스캠프 … 52

제2 베이스캠프까지 … 54

날씨 조사 … 56

산 위에서의 식사 … 58

정상을 향하여 출발! … 60

산소 부족 … 62

정상에 오르다 … 64

마무리 도전 문제 … 66

성공을 위한 팁 … 68

이해를 돕는 개념 설명 … 70

정답 및 해설 … 72

미션 **7** 산에서 살아남기

이런 내용들을 공부해요

계산
암산을 하거나 종이에 적어서 계산하며, 덧셈, 뺄셈, 곱셈, 나눗셈을 연습할 것입니다.

수
- 수 비교하기, 수의 순서 : 18, 20, 24쪽
- 분수 : 24쪽
- 어림하기 : 12, 13, 18쪽
- 12단 곱셈 : 22쪽

생활 속 문제 해결
- 필요한 연산 고르기 : 13, 18, 26쪽
- 측정 : 24쪽
- 시간 : 18, 19, 29쪽
- 지도 : 15, 17쪽
- 가능성 : 30, 31쪽

STAGE 5 은신처 만들기

STAGE 6 불 피우기

STAGE 7 물 찾기

STAGE 8 식량 모으기

STAGE 9 강 건너기

STAGE 10 위험에 대처하기

STAGE 11 구조 신호

자료 다루기
- 그림그래프 : 27쪽
- 표, 그래프, 다이어그램 : 19쪽

측정
- 둘레의 길이 : 22쪽
- 측정 단위 변환 : 20쪽

도형과 공간
- 평면도형 : 22쪽
- 입체도형 : 23쪽
- 나침반 방향 : 14, 15, 16, 17쪽
- 좌표 : 16, 17쪽
- 각도 : 14, 15쪽

무인도 하면 제일 먼저 떠오르는 사람이 누굴까요?

바로 28년간 무인도에서 혼자 견뎌낸 **로빈슨 크루소!**

실존 인물이 아닌, 소설 속의 인물이지만 혼자서 여러 가지 문제들을 멋지게 헤쳐 나간 것이 정말 대단하긴 해요. 하지만 정말 아무 준비도 없이 무인도에 떨어진다면, 살아남기 위해 어떤 일을 할 수 있을까요? 무엇을 찾고, 어떻게 해야 할지 혹시 알고 있나요?

마실 물은 어떻게 구할까요? 물을 발견했다고 무작정 마셨다가 는 큰일 날지도 몰라요. 바닷물을 그대로 마시는 건 정말 위험합니다. 바닷물의 맛은 어떻습니까? 굉장히 짠 맛이에요. 바닷물 속에는 소금을 비롯한 여러 가지 성분들이 들어 있기 때문이지요.

그래서 바닷물을 마시면 소금을 먹게 되는 거예요. 사람의 몸은 항상 일정한 농도를 유지하려고 하는데 짠 소금이 몸에 들어 오면 몸 속의 소금 농도가 높아져요. 하지만 소금 그대로를 우리 몸 밖으로 내

보낼 수가 없으니 물을 마셔서 농도를 낮춰야 합니다. 그렇게 하지 못하면 이 소금을 몸 밖으로 내보내기 위해서 마신 바닷물보다 더 많은 양의 오줌을 누어야만 해요. 그래서 잘못하면 몸속의 물이 너무 많이 밖으로 빠져나가서 죽을 수도 있답니다.

먹을 것은 어떻게 구하죠? 숲속의 열매를 따거나 물고기를 잡아야 할 거예요. 물고기를 잡는 재미있는 방법을 소개할게요. 우선 물 속에 잠겨 있는 큰 돌을 찾으세요. 그 돌은 물 위로 조금 나와 있어야 해요. 또 다른 큰 돌을 들고 물 위로 나와 있는 돌을 강하게 내리치는 거예요. 그러면 돌이 부딪히면서 생긴 충격이 물 속에 전해져서 작은 물고기가 순간적으로 기절합니다. 물론 이 방법도 물고기가 살고 있는 물가에 있을 때만 가능한 방법이겠지요?

숲속에서 추위도 피하고, 혹시나 있을지 모를 다른 동물들을 피하려면 불을 피워야 합니다. 돋보기가 있으면 태양빛을 모아 불을 붙일 수 있어요. 비닐이 있다면 비닐을 바가지 모양으로 만들어서 물을 약간만 채우세요. 그럼 돋보기처럼 빛을 모을 수 있어요. 물론 쨍쨍 내리쬐는 햇볕이 없는 밤에는 절대 안 되겠죠?

어때요? 우리가 집에서 편리하게 사용하는 도구들 없이 살아남기란 쉬운 일이 아니겠죠? 당신은 친구 몇 명과 같이 숲속으로 여행을 떠났다가 안타깝게도 길을 잃어버리고 말았어요. 하지만 너무 걱정하지 마세요. 배낭에는 몇 가지 도구들이 준비되어 있으니까요. 물론 '살아남기'에 필요한 도구가 아닌 전혀 엉뚱한 도구들만 챙겨왔다면 살아남을 가능성이 더 줄어들겠죠.

이런 수많은 문제들을 잘 헤쳐 나갈 수 있을까요?

당신이 안전하게 숲속을 빠져나오길 바랍니다.

생존에 필요한 장비

현대인들에게는 따뜻한 집과 난방 기구가 있고, 슈퍼마켓에서 먹을거리들을 쉽게 구할 수 있으며, 마실 물도 쉽게 얻을 수 있습니다. 그러나 만일 숲속에 홀로 남겨졌다면 생존* 할 자신이 있나요? 사람이 살아가기 위해서는 은신처*, 온기, 음식, 깨끗한 물이 필요합니다. 은신처와 온기는 비와 추위로부터 우리를 보호해 주고, 음식과 물은 우리의 몸이 활동할 수 있도록 해 줍니다. 숲속에서는 무엇을 먹을까요? 깨끗한 물은 어디에서 얻을까요? 은신처는 어떻게 만들지요? 또 살아남는 데 필요한 기본 장비들은 어떤 것이 있을까요?

*생존 : 살아있음 또는 살아남음 *은신처 : 몸을 숨기는 곳

생존 비법

DATA BOX 에 생존에 필요한 장비 10가지를 중요한 순서대로 적어 놓았습니다. 아래의 생존 장비 세트 중에서 우리가 살아남는 데 가장 쓸모 있는 장비 세트는 어느 것이라고 생각하나요?

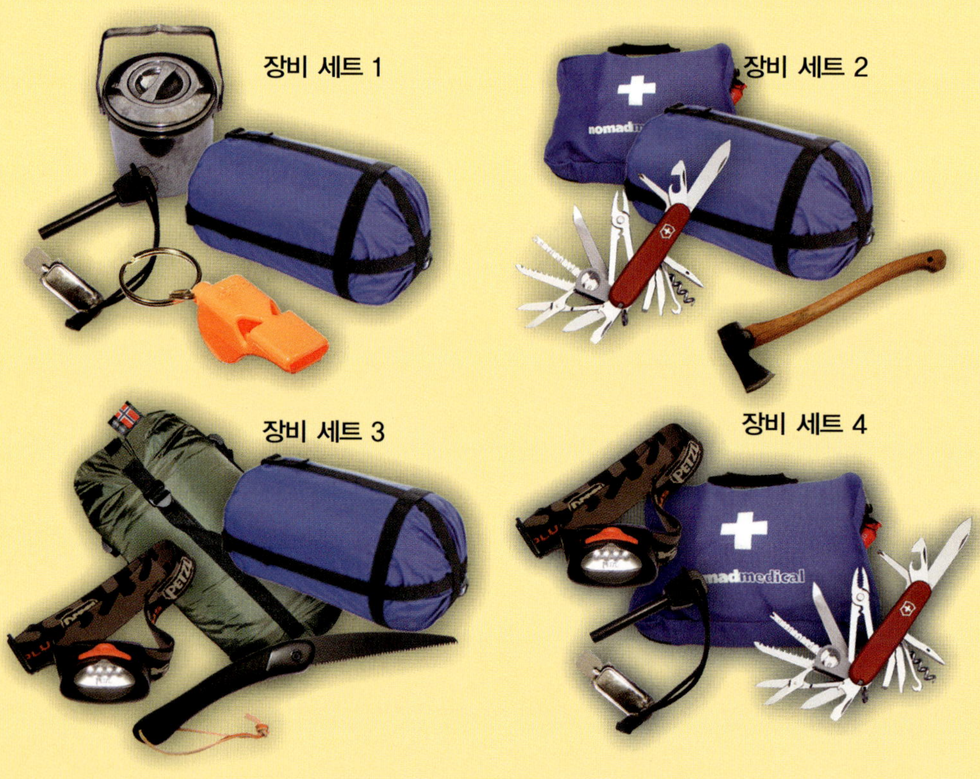

각각의 물건의 점수를 합해 보세요.
가장 높은 점수를 얻은 장비 세트가 가장 쓸모 있는 장비 세트입니다.

 36쪽에 도움말이 있습니다.

DATA BOX   생존 장비

장비		점수
칼		17점
톱		14점
비상용 부싯돌		13점
휴대용 냄비		11점
도끼		9점
천막		8점
침낭		7점
구급 약품		5점
호루라기		3점
손전등		1점

도전 문제

두 사람이 각자 60점이 되는 장비 세트를 꾸렸습니다. 한 사람은 5개의 장비를, 다른 사람은 8개의 장비를 넣었다면, 각각의 장비는 무엇일까요? (단, 5개의 장비로 된 세트는 두 가지입니다.)

생존 도구들은 쉽게 들고 다닐 수 있도록 가벼워야 합니다.

부싯돌과 텐트

- 비상용 부싯돌은 (불을 피우기 위해) 불꽃을 일으키는 도구로 3000℃ 나 되는 불꽃을 일으킨답니다.
- 서바이벌 전문가들은 나뭇가지를 이용하여 은신처를 만들기도 합니다. 막대와 방수천을 이용하기도 하며, 또 어떤 이들은 텐트를 이용하기도 합니다.

칼과 호루라기

- 야영지를 만들 때 톱이나 도끼가 없다면 날카로운 칼을 이용할 수도 있습니다.
- 호루라기는 구조 신호를 보낼 때 요긴하게 사용됩니다. 소리를 지를 때 사람의 목소리는 겨우 몇백 미터 밖에 전해지지 않지만, 호루라기 소리는 1km 떨어진 곳에서도 들을 수 있습니다.

나침반으로 방향 찾기

나는 친구 세 명과 함께 시골길을 걸었습니다. 그런데 잠시 후 우리가 길을 잃은 것은 아닐까 걱정이 되었습니다. 다행히 나침반으로 우리가 있는 야외용 탁자에서 정확히 북쪽에 교회가 있다는 것을 알아냈어요. 이 장소가 맞는지 확인하기 위해 주변에 있는 다른 지형물들을 살펴보았습니다. 주변에는 송전탑, 농장 건물이 있고, 산과 편평한 바위가 돌출되어 있는 곳도 보입니다. 지도에서 찾은 우리들의 위치가 맞군요! 이제 어디로 가야할지 정하는 일만 남았습니다.

생존 비법

DATA BOX 는 시골 주변을 그린 것입니다.
일행이 서 있는 야외용 탁자가 있는 곳을 기준으로
교회는 정확히 북쪽에 위치하고 있습니다.
같은 방법으로 다른 지형물의 방향을 알아봅시다.

다음 지형물의 위치는 우리 일행들이 서 있는 곳을 기준으로 어느 방향인가요?

(1) 죽은 나무

(2) 농장 건물

(3) 송전탑

(4) 검은 산

(5) 편평한 바위

$90°$는 직각이고, 직각의 반은 $45°$입니다. 교회에서부터 시작해서 시계 방향으로 몇 도를 돌아야 다음의 지형물을 볼 수 있을까요?

(6) 농장 건물

(7) 죽은 나무

(8) 검은 산

(9) 편평한 바위

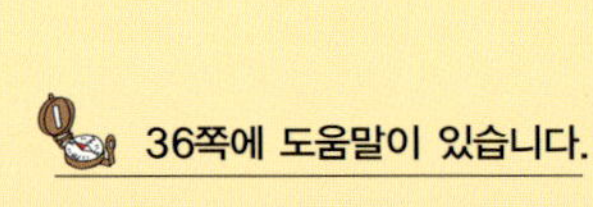

36쪽에 도움말이 있습니다.

나침반과 자북

- 나침반의 방향은 항상 자북*을 가리킵니다. 하지만 자북의 위치는 해마다 아주 조금씩 바뀐답니다.
- 자북과 지도에서의 정확한 북쪽과의 차이각을 자침편차각이라고 부릅니다.
- *자북 : 자석과 나침반 바늘이 가리키는 북쪽

도전 문제

(1) 검은 산을 바라보고 서서 시계방향으로 90°를 돌았습니다. 무엇이 보이나요?

(2) 편평한 바위를 바라보고 서서 반시계방향*으로 90°도를 돌았습니다. 무엇이 보이나요?

(3) 농장 건물을 바라보고 서서 반시계방향으로 45°를 돌았습니다. 무엇이 보이나요?

*반시계방향 : 시계방향의 반대 방향 ↺

친구들과 함께 남동쪽을 향해 2km 정도를 걸었더니 숲속으로 들어오게 되었습니다. 주변이 온통 나무로 둘러싸여 있어서 방향을 알아보기 위해 나침반을 찾았습니다. 그런데 나침반을 잃어버리고 말았습니다. 한 친구는 우리가 출발한 곳까지 되돌아가야 한다고 합니다. 되돌아가는 것 이외에 다른 방법은 없을까요? 오늘 날씨는 매우 맑으니까 해를 이용하면 될지도 모릅니다! 북반구*에는 한낮에 태양이 남쪽에 옵니다. 반대로 남반구*에는 태양이 한낮에 북쪽에 옵니다.

*북반구 : 지구의 적도를 중심으로 북쪽에 해당하는 부분. 우리 나라는 북반구에 있습니다.
*남반구 : 지구의 적도를 중심으로 남쪽에 해당하는 부분. 호주는 남반구에 있습니다.

생존 비법

해를 보고, 북쪽이 어느 쪽인지 알아내야 합니다.
DATA BOX 의 지도를 보세요.
절벽은 (3,0) 위치에 있습니다. 지도를 이용하여
다음 물음에 답하여 봅시다.

(1) 지도에서 다음 지점의 좌표를 적어 보세요.

(a) 나무다리

(b) 징검다리

(c) 늪지대

(2) 다음 좌표에는 무엇이 있나요?

(a) (3,6)

(b) (4,1)

(c) (3,0)

36쪽에 도움말이 있습니다.

도전 문제

DATA BOX 를 보세요.
나는 지도의 (3,3) 위치에 있습니다.
다음의 방향으로 계속 걸어가면
처음 도착하는 곳이 어디인가요?

(1) 동쪽

(2) 남서쪽

(3) 북서쪽

*지도에 방위 표시가 없으면 위쪽이 북쪽입니다.

시계를 이용하여 북쪽 찾기

북반구
남반구

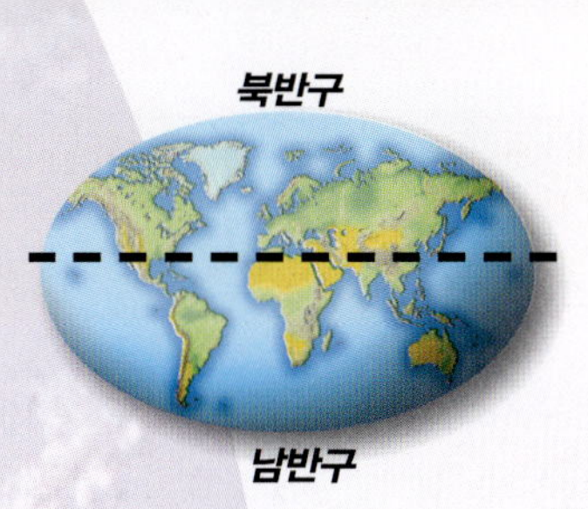

시계를 이용해서 북쪽과 남쪽을 찾을 수도 있습니다.

북반구에 있다면,

(1) 시계의 짧은 바늘이 태양을 가리키게 놓으세요.
(2) 시계의 짧은 바늘과 숫자 12 사이 가운데에 직선을 상상하세요. 이 직선은 북쪽/남쪽을 가리키는 선입니다.
(3) 오전이라면 해가 동쪽에, 오후라면 해가 서쪽에 있겠지요? 이것을 이용하여 북쪽을 찾을 수 있습니다.

남반구에 있다면,

(1) 숫자 12가 태양을 가리키게 놓으세요.
(2) 숫자 12와 시계의 짧은 바늘 사이 가운데에 직선을 상상하세요.
이 직선은 북쪽/남쪽을 가리키는 선입니다.
(3) 오전이라면 해가 동쪽에, 오후라면 해가 서쪽에 있겠지요? 이것을 이용하여 북쪽을 찾을 수 있습니다.

DATA BOX 좌표 보기

나무다리
징검다리
늪지대
절벽
호수
습지
큰 나무
0
1
2
3
4
5
6

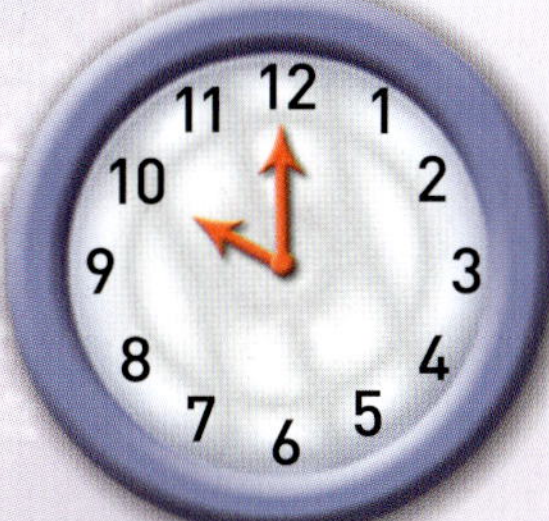

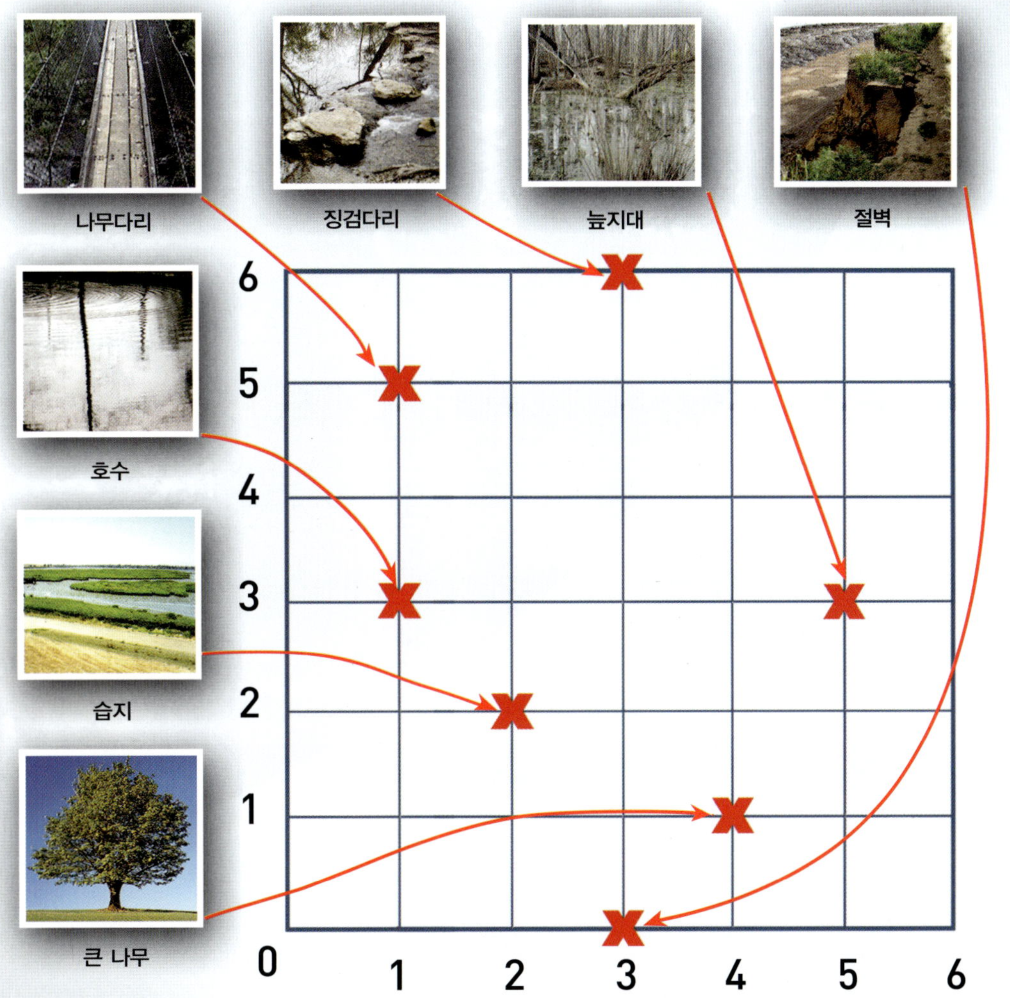

숲속에서 길을 잃었어요!

불행히도 우리 일행들은 숲속에서 길을 잃었어요! 날이 점점 어두워져 곧 깜깜해질 테니 여기서 밤을 지새는 것이 가장 좋은 방법이라고 생각했습니다. 해가 지기 전에 무엇을 해야할지 계획을 세워야 밤을 안전하게 보낼 수 있습니다. 쉴 곳 찾기, 음식 구하기, 은신처 만들기, 불 피우기, 물 찾기, 몸을 따뜻하게 덮을 나뭇잎 모으기…. 해야 할 일이 한 두 가지가 아닙니다. 몇 가지 일은 할 수 있지만, 시간이 부족하여 이 모든 것을 다 할 수는 없을 거예요. 어떤 일을 먼저 해야 할까요? 빨리 결정하세요. 점점 더 어두워지고 있어요!

생존 비법

완전히 어두워질 때까지는 4시간 정도 남았습니다. **DATA BOX** 를 통해 각각의 일을 하는 데 걸리는 시간과 그 일이 우리가 살아남는 데 얼마나 도움이 될지 알 수 있습니다.

(1) 완전히 어두워질 때까지 남은 4시간 동안 할 일을 정해 보세요. 일을 하는 데 걸리는 시간이 총 4시간 이상이어서는 안 되고, 중요한 일부터 하세요.

(2) 문제 (1)에서 고른 일을 하는 데 정확히 얼마나 걸리는지 계산해 보세요. 몇 시간 몇 분이 걸리나요?

(3) 문제 (1)에서 고른 일을 하고 나면, 4시간 중에서 몇 분이 남았나요?

36쪽에 도움말이 있습니다.

사고를 당했을 때

만약 비행기 충돌이나 자동차 충돌로 숲속에 떨어져 살아남았다면, 잔해물(비행기 파편 등) 근처에 머무르세요. 사람을 찾는 것보다는 잔해물을 찾는 것이 더 쉽기 때문에 빨리 구조될 수 있습니다.

가장 중요한 것은?

살아남기 위해서는 불, 쉴 곳, 물과 음식 중 현재 상황에서 가장 중요한 것이 무엇인지 생각해야 합니다.

긍정적인 마음가짐

살아남기 위해서는 상황에 적응해야 하고, 정확한 장비를 가지고 있으며, 생존에 대한 지식이 있어야 합니다. 그리고 무엇보다 가장 중요한 것은 긍정적인 마음가짐이랍니다.

DATA BOX 생존을 위해 필요한 일

우리 일행이 각각의 일을 하는 데 걸리는 시간과 그 일이 얼마나 도움이 되는지 필요한 정도를 적은 표입니다. 필요한 정도에 따라 1부터 10까지의 점수를 주었습니다. 10이 가장 필요한 일이고 0은 쓸모 없는 일이라는 뜻입니다.

일	필요한 정도	걸리는 시간
음식 찾기	6	210분
은신처 만들기	8	150분
불 피우기	9	45분
물 찾기	7	105분
몸을 덮을 나뭇잎 모으기	5	150분

도전 문제

(1) 위의 일을 모두 한다면, 총 얼마의 시간이 걸리나요? 아래의 단위로 답해 보세요.

　(a) 분

　(b) 시간

(2) 두 가지 일을 했더니, 5시간 15분이 걸렸습니다. 어떤 일인가요?

은신처 만들기

은신처를 정할 때는 주변을 잘 살펴서 적절한 장소를 찾고, 은신처를 만들 재료를 찾아야 합니다. 동굴이나 속이 빈 큰 나무를 찾아 안에 들어갈 수도 있지만, 스스로 만들어야 할 때도 있습니다. 주변에 이용할 수 있는 재료들이 있는지 살펴보세요. 숲속에 있으니, 나뭇가지를 이용하여 은신처의 기본 형태를 만듭니다. 나뭇가지들을 어떻게 묶을 수 있을까요? 우리 일행이 가지고 있는 장비 중에는 끈이 없습니다. 어떻게 하면 비가 와도 안전한 은신처를 만들 수 있을까요? 지금부터 함께 알아봅시다.

생존 비법

은신처를 만들기 위해 길쭉한 나무를 모았습니다. 여러 개의 나무가 필요한데, 몇 개는 서로 길이가 다릅니다. 나는 나무의 길이를 cm 단위로 재고, 친구는 나무의 길이를 m 단위로 쟀습니다.

내가 잰 나무의 길이				친구가 잰 나무의 길이			
210cm	232cm	495cm	500cm	0.5m	5.5m	1.81m	2.55m
180cm	181cm	255cm	505cm	5m	2.32m	2.1m	4.95m
550cm	320cm	195cm	50cm	1.95m	3.2m	5.05m	1.8m

"210cm=2.1m" 처럼 길이가 같은 나무끼리 짝을 지어 보세요.

도전 문제

〈생존 비법〉에서 푼 답을 이용하세요.

(1) 나무의 길이를 가장 짧은 것부터 순서대로 나열해 보세요.

(2) 친구가 잰 나무의 길이를 반올림하여 자연수로 나타내어 보세요.

36쪽에 도움말이 있습니다.

장소 구하기

은신처의 위치를 정할 때 다음 사항들을 고려해야 합니다.

- 정글 속에서는 꾸물거리며 기어다니는 벌레와 뱀을 피할 수 있는 곳에 은신처를 만들어야 합니다.
- 북극에서는 바람을 피할 수 있도록 땅을 파서 은신처를 만들어야 합니다.
- 사막이라면 덥지 않고 햇볕에 타지 않을 만한 곳에 은신처를 만들어야 합니다.

은신처 만드는 방법

(1) 은신처로 고른 땅을 확인합니다. 나뭇가지가 떨어진다거나 물에 잠길 것 같은 위험한 곳은 아니어야겠지요? 또한 동물들의 공격도 피할 수 있는 곳이어야 합니다.

(2) 주변을 정리하고, 계획을 꼼꼼히 세웁니다. 나중에 다시 만들고 싶지 않다면요. 예를 들면, 바람이 입구로 바로 들어오지 않도록 계획을 잘 세워야 해요.

(3) 길고 두꺼운 막대를 선택해서 두 나무 사이에 두고 끈이나 나무뿌리로 묶습니다.

(4) 얇은 막대로 긴 막대를 가로질러서 서까래*를 놓듯이 둡니다. 편안하게 누울 수 있을 정도로 길어야 합니다.

(5) 더 가느다란 막대로 엮어서 뼈대를 단단하게 만듭니다.

(6) 이제 지붕을 덮을 차례입니다. 식물, 잎, 소나무가지 등을 이용합니다. 지붕 아래는 약 1m의 공간을 두어야 합니다. 또한 바람이 통할 수 있도록 구멍을 만드는 것을 잊지 마세요.

(7) 바닥에 깔고 잘 통나무를 둡니다. 지붕을 만들 때 사용했던 재료로 통나무 위를 덮습니다.

(8) 주변에 불을 피워서 따뜻하게 합니다.

*서까래 : 지붕판을 만들기 위한 가늘고 긴 재료

은신처 뼈대를 만드는 모습

불 피우기

살아남기 위한 가장 중요한 기술 중 하나는 불을 피우는 것입니다. 불은 몸을 따뜻하게 해 주고, 어둠을 밝혀줍니다. 대부분의 야생동물들은 불을 두려워하기 때문에 모닥불을 피워 두면 다가오지 않아요. 물을 안전하게 마실 수 있으려면 끓여야 하고, 먹을 음식을 준비할 때에도 불이 필요하죠. 또한 불빛은 춥고 지친 사람들에게 힘을 주고, 연기는 구조 신호에도 요긴하게 사용됩니다. 어때요? 살아남기 위해서는 불이 꼭 필요하겠지요?

생존 비법

아래에는 몇 개의 모닥불 그림이 있습니다. 불이 주변으로 번지는 것을 막기 위해 모닥불 주위를 돌로 둘러 놓았습니다. 돌 한 개의 끝에서 끝까지의 길이는 12.5cm입니다.

◯ =12.5cm

(a)

(b)

(c)

(d)

(a), (b), (c), (d)에서 돌로 둘러싸인 둘레의 길이는 약 몇 cm인지 각각 구해 보세요.

36쪽에 도움말이 있습니다.

부싯돌과 부싯깃

- 박달나무의 나무껍질은 부싯깃*으로 쓰기에 좋습니다. 나무껍질을 벗긴 뒤 부싯돌로 불꽃을 내서 불을 붙입니다.

- 피라미드 모양으로 땔감을 쌓으면 더 따뜻하고, 작은 불씨를 보호하기에도 좋습니다. 그렇지만 요리를 하고 싶다면 평평하게 만드는 것이 더 좋습니다.

*부싯깃 : 부시를 칠 때 튀는 불똥이 박혀서 불이 붙도록 부싯돌에 대는 물건

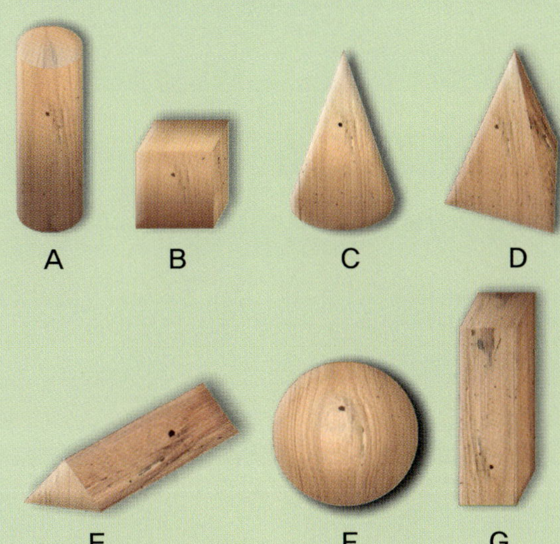

도전 문제

모닥불 주위에 둘러 앉아 나무토막을 깎았습니다.
만든 모양은 아래와 같습니다.

A　　　B　　　C　　　D

E　　　F　　　G

(1) 각 도형의 이름은 무엇인가요?
(2) 각기둥은 어느 것인가요?
(3) 면이 6개 있는 도형은 어느 것인가요?

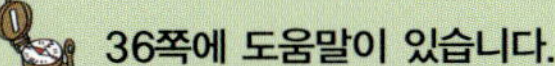
36쪽에 도움말이 있습니다.

불 피우는 방법

(1) 나뭇잎과 나무껍질(박달나무라면 더욱 좋습니다.), 잔가지를 모읍니다. 젖어 있다면 말려야 합니다.

(2) 가늘고 마른 나뭇가지들만 모아서 쌓아 놓습니다. 그 중에서 연필 정도 크기의 나뭇가지를 고릅니다.

(3) 나무의 크기별로 나뭇가지 더미를 두 개 더 만들 것입니다. 하나는 조금 큰 나뭇가지들을 모아서 쌓아 놓고, 다른 하나는 통나무를 쌓아 놓습니다.

(4) 불을 피울 곳을 정합니다. 근처에 불이 옮겨 붙을 만한 낮은 나무가 없어야 합니다. 약 15cm 깊이와 30cm 너비로 땅을 팝니다.

(5) 땅을 파낸 구멍의 바닥에 풋나뭇가지를 깝니다. 그러면 땔감이 물에 젖지 않고, 불이 더 잘 붙습니다.

(6) 비상용 부싯돌을 사용하여 불꽃을 만듭니다.

(7) 강한 불꽃이 생기면, 가는 나뭇가지에 불을 붙입니다. 가느다란 나뭇가지부터 시작해서 피라미드 모양을 만듭니다.

(8) 주먹 크기 만한 둥근 돌을 불 주위에 놓습니다. 이것은 불이 사방으로 퍼지는 것을 막아줍니다.

(9) 불이 강해지면 돌을 달구어 요리도 할 수 있습니다.

물 찾기

불 피우기 다음으로 중요한 것은 물을 찾는 것입니다. 물이나 마실만한 음료수가 없으면, 우리의 몸은 72시간 정도밖에 살 수 없답니다. 그러나 낯선 곳에서 물을 찾기란 쉬운 일이 아니에요. 다행히 우리는 개울물을 발견했습니다. 이 물을 끓여 마시기로 했습니다. 물이 끓는 동안 이곳을 떠났을 때 물을 모으는 다른 방법은 없을지 이야기하였습니다. 한 방법은 맑은 날에만 쓸 수 있고, 다른 방법은 비가 오거나 늪지대에서만 쓸 수 있는 것이었습니다. 일단 우리들은 발견한 개울물을 담아 은신처로 가져가기로 했습니다.

생존 비법

DATA BOX 에는 우리가 생각해 낸 물을 모으는 여러 가지 방법이 있습니다.

(1) 모든 방법대로 한 번씩 물을 모으면 모두 얼마의 물을 모을 수 있는지 구해 보세요. 답은 mL 단위로 적어 보세요.

(2) 우리가 모은 물의 양은 1L보다 많은가요, 적은가요?

(3) 건강한 상태를 유지하기 위해서는 하루에 $1\frac{1}{2}$L에서 $2\frac{1}{2}$L 사이의 물을 마셔야 한다고 합니다. 우리가 모은 물의 양은 한 사람이 하루에 필요한 물의 양이 되나요?

(4) 한 사람이 하루에 $1\frac{1}{2}$L의 물을 마신다면, 일주일 동안에는 몇 L의 물을 마시게 되나요?

 37쪽에 도움말이 있습니다.

도전 문제

깡통이 두 개 있습니다. 하나는 3L들이이고, 다른 하나는 5L들이입니다.

이 두 개의 깡통을 이용하여 정확히 1L를 재려면 어떻게 해야 할까요? 깡통의 일부만 채우는 방법은 사용할 수 없습니다.

37쪽에 도움말이 있습니다.

DATA BOX 물 모으는 방법

물을 모으는 여러 가지 방법에 대해 이야기하였습니다.

방법 1
천을 발목에 묶은 뒤, 이슬이 맺힌 수풀 사이를 걸어
다닙니다. 그리고 천에 스며든 물을 짜냅니다.
얻은 물의 양 : 120mL

방법 2
늪지대나 축축한 땅을 팝니다. 잎과 나무껍질을 국자처
럼 사용하여 웅덩이에서 물을 떠냅니다.
얻은 물의 양 : 50mL

방법 3
덥고 맑은 날, 깨끗한 비닐봉지를 잎이 무성한 나뭇가
지에 씌워두면 물이 비닐봉지에 모이게 됩니다.
얻은 물의 양 : 270mL

방법 4
빗물이 야영장 지붕 경사면을 따라 흘러내려 깡통에 모
이도록 합니다.
얻은 물의 양 : 960mL

물 끓이기

높은 곳에서는 더 낮은 온도
에서 물이 끓습니다. 세계에서 가
장 높은 산인 에베레스트 산 꼭
대기 근처에서는 끓는 물로 손을
씻을 수 있을 정도랍니다.

식량 모으기

사람은 음식을 먹지 않고도 60일 동안 살 수 있습니다. 그래서 먹을 것을 찾는 것이 항상 필요한 것은 아니랍니다. 그러나 친구가 아파서 무엇인가를 좀 먹이려고 해요. 가까운 곳에서 버섯을 발견했지만, 먹을 수 있는 버섯인지 알 수가 없습니다. 독버섯일수도 있으므로 무턱대고 먹을 수는 없어요. 이번에는 열매를 찾았습니다. 그리고 먹을 만한 것을 더 찾기 위해 주변을 샅샅이 뒤졌습니다. 식당이었다면 절대 먹지 않았겠지만, 살기 위해서라면 어쩔 수 없이 먹어야겠지요?

생존 비법

DATA BOX 에는 우리가 찾은 열매, 뿌리, 견과류, 잎, 벌레, 꽃의 양을 나타낸 그림그래프가 있습니다.

그림그래프를 이용하여 다음 물음에 답해 보세요.

(1) 가장 많이 찾은 식량은 어떤 종류입니까?

(2) 가장 적게 찾은 식량은 어떤 종류입니까?

(3) 꽃은 몇 개나 찾았나요?

(4) 뿌리는 몇 개를 찾았나요?

(5) 잎은 열매보다 몇 개나 더 찾았나요?

(6) 벌레는 견과류보다 몇 개나 더 찾았나요?

 37쪽에 도움말이 있습니다.

야생의 맛

평소에 먹어 보지 못했던 것들의 맛을 상상해 볼까요?

- 지렁이의 맛은 꼭 베이컨 같습니다.
- 물고기의 눈에는 수분이 많아서 맛이 프라이한 계란 노른자 같습니다.
- 개미의 애벌레의 맛은 꼭 새우 같습니다.

도전 문제

DATA BOX 에서 우리가 모은 식량의 양은 모두 몇 개인가요?

DATA BOX
우리가 모은 식량

우리가 모은 여러 가지 식량의 양을 그림으로 나타내었습니다.

열매
뿌리
견과류
잎
벌레
꽃

그림 설명
= 12개
= 12개
= 12개
= 12개
= 12마리
= 12개

강 건너기

우리 일행들은 불을 피우고, 물과 먹을거리를 찾아내어 모두 살아남았습니다. 동이 터오자 우리는 강을 건너기로 했습니다. 몇 킬로미터를 걸어 '흔들 다리'에 도착했습니다. 하지만 아쉽게도 다리는 오래 전에 완전히 무너져서 강바닥으로 가라앉아 버렸습니다. 남아 있는 것이라고는 둑 한 켠에 놓인 나무 몇 조각이 전부였어요. 문제는 일행들 모두가 수영을 할 줄 모른다는 것입니다. 물길에 휩쓸리거나 빠지지 않고 강 건너편으로 가려면 어떻게 해야 할까요? 답은 다리의 잔해로 뗏목을 만드는 것입니다!

생존 비법

우리는 성공적으로 뗏목을 만들었습니다. 뗏목에는 한번에 2명까지 탈 수 있습니다.

적어도 한 사람은 뗏목을 타고 있어야 뗏목이 강을 따라 떠내려가는 것을 막을 수 있습니다. 4명이 강을 건너려면 뗏목으로 최소한 몇 번 강을 건너야 하나요?

 37쪽에 도움말이 있습니다.

뗏목의 좋은 점

• 뗏목은 우리가 물에 젖지 않고 강을 건널 수 있게 해줍니다. 만약 수영을 했다면, 몸은 물에 젖어 추워집니다. 물에 젖어 차가워진 몸을 다시 따뜻하게 만드는 것은 어렵기 때문에 위험합니다.

• 뗏목은 강을 건너는 것보다는 강을 따라 여행할 때 더 유용합니다.

• 강을 건널 때는 강바닥의 무언가와 부딪힐 수 있으므로 강에서 시선을 떼면 안 됩니다.

뗏목 만드는 방법

(1) 길이가 최소 3m이고, 지름이 약 20cm인 곧은 통나무를 6∼8개 찾습니다.

(2) 나뭇가지를 모두 자르고, 나무들을 나란히 눕혀 놓습니다.

(3) 줄을 가지고 있다면 줄로 나무를 묶습니다. 줄이 없다면 나무뿌리나 여린 나뭇가지를 이용합니다. 나무를 모두 묶고, 잘 묶였는지 확인합니다.

(4) 도끼로 노를 만듭니다. 노를 만들 수 없다면 곤돌라처럼 긴 막대를 사용합니다.

(5) 뗏목을 물 위에 놓고, 잘 뜨는지 확인합니다.

(6) 뗏목에 탑니다. 이때, 젖지 않게 조심하세요. (몸무게 때문에 뗏목이 조금 더 가라앉을 겁니다.) 뗏목을 타는 데 자신감이 생길 때까지 똑바로 서거나 걸터앉지 말고, 무릎을 구부리고 섭니다. 노 또는 삿대*를 이용하여 방향을 조절하며 나아갑니다.

*삿대 : 배질을 할 때 쓰는 긴 막대

도전 문제

한 사람이 강을 건너는 데 8분이 걸립니다. 그러나 두 사람이 타서 함께 노를 저으면, 6분이 걸립니다.

〈생존 비법〉에서의 답을 보세요. 4명으로 이루어진 팀원 모두가 강을 건너려면 몇 분이 걸릴까요?

위험에 대처하기

우리 일행은 목적지인 마을을 향해 계속 걸어가고 있습니다. 그동안 닥쳤던 위험과 어려움에 대하여 이야기했습니다. 추위, 목마름, 배고픔…. 그러나 이 문제들을 잘 해결해 왔습니다. 은신처를 만들고 몸을 데울 수 있도록 불을 피웠고, 물을 찾고, 안전하게 먹을 수 있는 것들을 모았습니다. 뗏목을 만들어 안전하게 강을 건너기도 했습니다. 위험한 상황을 알고, 그것을 피하는 방법을 알고 있었기 때문에 성공할 수 있었습니다. 이제 어떤 위험이 남아 있을까요? 아래 목록을 따라 일어날 만한 일들을 살펴봅시다.

생존 비법

일행들과 앞으로 일어날 만한 위험에 대하여 이야기하였습니다.
어떤 위험은 다른 것보다 더 자주 생깁니다.
어떤 일은 드물게 생기기는 하나 매우 위협적이기도 합니다.
일이 일어날 가능성에 대하여 이야기해 봅시다.

(a) 모래늪*에 빠져 가라앉는다. $\dfrac{1}{3}$

(b) 매우 추워진다. (저체온증에 걸린다.) $\dfrac{5}{6}$

(c) 벼락을 맞는다. $\dfrac{1}{6}$

(d) 다리가 무너진다. $\dfrac{1}{2}$

(e) 호랑이에게 잡아 먹힌다. 0 (우리가 있는 곳에는 호랑이가 없으므로)

(f) 뱀에게 물림 $\dfrac{1}{3}$

(g) 절벽에서 떨어짐 $\dfrac{1}{2}$

(h) 칼에 베임 $\dfrac{2}{3}$

일어날 가능성을 나타내는 수직선입니다. 0은 불가능함이고, 1은 꼭 일어남을 말합니다.
각각의 위험 요소들을 가능성에 따라 이 수직선에 표시해 보세요.

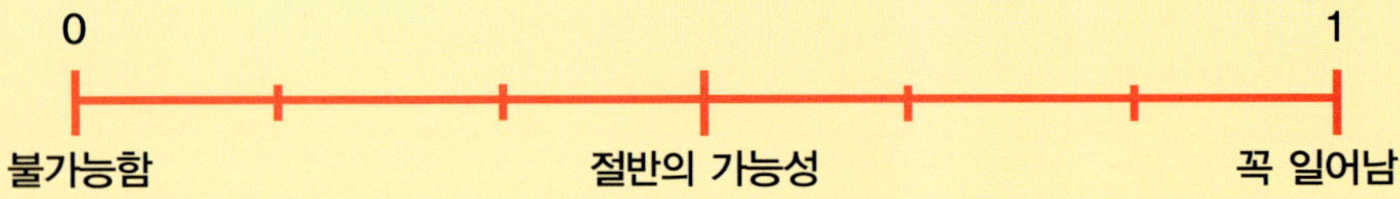

*모래늪 : 모래가 깊게 쌓여 있는 것. 모래늪에 빠지면, 점점 아래로 가라앉아서 모래 속에 파묻히게 됩니다.

 37쪽에 도움말이 있습니다.

꼭 기억하세요!

- 위험한 동물이 있는지 잘 살펴보세요.
- 나뭇잎이 어지럽혀져 있는 곳이 있다면 조심하세요. 함정을 덮어 놓은 것일 수도 있으니까요.
- 정글 속에서 통나무를 지날 때는 항상 통나무를 밟고 지나가야 합니다. 건너편에 뱀이 있는 것을 모르고 밟을 수도 있으니까요.
- 모래늪 위를 걷게 되었더라도 당황하지 마세요. 배낭을 벗고 등을 땅에 대고 누우세요. 아주 천천히 수영하듯이 가장자리로 빠져나오면 됩니다.
- 사람의 발자국이 있는지 잘 살펴보세요. 발자국을 따라가면 마을에 도착할 수 있을 것입니다.
- 모든 감각을 사용하세요. 위험은 어떤 모습으로 다가올지 모릅니다.
- 야영지를 나올 때는 어디로 갔는지 메모를 하거나 표시를 해 두세요.
- 길을 잃었다면, 산 아래로 내려가세요. 물은 산 아래로 흐르기 때문에 시냇물을 만날 수 있을 것입니다. 시냇물을 따라 강을 만날 때까지 가세요. 강을 따라 계속 가다 보면 마을에 다다를 수 있을 것입니다. 마을을 찾지 못했다면, 방향을 돌려 더 들어가서 찾아보세요.
- 위험한 상황에 처하면, 계획을 세우고 그에 따라 행동하세요.

도전 문제

불가능함 – 매우 드문 일 –
드문 일 – 절반의 가능성 –
자주 일어남 – 매우 자주 일어남
– 꼭 일어남

위의 단어를 사용하여 아래의 일이 일어날 가능성을 적어 보세요.

(1) 이번 주에 비가 올 것이다.

(2) 내일 해가 뜰 것이다.

(3) 우리 가족 중 한 사람이 오늘 늑대에게 잡아먹힐 것이다.

(4) 월요일 다음에 금요일이 될 것이다.

(5) 새로 태어날 아기는 남자 아이일 것이다.

구조 신호

드디어 마을이 보이기 시작합니다. 그런데 한 친구가 넘어져서 발목을 삐고 말았어요. 그 친구는 매우 아파하며 더 이상 걸을 수 없다고 합니다. 병원이나 의사의 도움이 필요한데, 어떻게 해야 할까요? 신호를 보낼 만한 것도 이동 수단도 없는데 말이에요. 우선 일행을 둘로 나누었습니다. 다른 친구들이 마을에 도움을 요청하러 가고, 나는 다친 친구와 기다리기로 했습니다. 친구와 남아서 우리가 무엇을 할 수 있을지 생각했습니다. 도움을 요청할 신호를 보내야 합니다. 여러분은 SOS*를 보내는 모스 부호를 알고 있나요?

*SOS : 구원을 요청하거나 위험을 알리는 신호나 위험 신호

생존 비법

DATA BOX 에 국제 모스 부호*가 있습니다.

(1) 호루라기를 이용하여 'SOS'의 의미를 전하려면 호루라기를 몇 번 불어야 하나요? 짧은 신호는 몇 번 불고, 긴 신호는 몇 번 불게 되나요?

(2) 다음 메시지를 보낼 때 호루라기를 각각 몇 번씩 불어야 하나요? 또, 짧은 신호와 긴 신호는 각각 몇 번씩 불어야 하나요?

(a) Come quickly (빨리 오세요.)
(b) Injured child (아이가 다쳤어요.)
(c) Broken leg (다리가 부러졌어요.)

*국제 모스 부호 : 국제 전기통신 협약으로 정해진 세계 공통의 모스 부호

위험에 처했을때 연기를 피워 위험을 알리기도 해요.

도전 문제

조난*을 당했다는 국제 신호는 1분마다 호루라기로 길게 6번을 불거나, 1분마다 불빛을 6번 누르는 것입니다.

1시간 동안 호루라기를 불었다면, 호루라기는 모두 몇 번 불었을까요?

*조난 : 항해나 등산 따위를 하는 도중에 재난을 만남.

37쪽에 도움말이 있습니다.

조난 신호 보내는 방법

호루라기, 전등, 횃불 따위를 가지고 있지 않다면, 다음의 방법으로 신호를 보낼 수 있습니다.

⑴ 불을 피울 수 있다면, 연기를 이용하여 신호를 보냅니다. 연기에도 여러 가지 색이 있습니다. 고무가 탈 때에는 검은 연기가 나고, 초록색 나뭇가지나 잎이 탈 때에는 하얀 연기가 납니다. 주위 배경에 따라 어떤 색의 연기가 잘 보일지 정하는 것이 중요합니다. 사막에 있다면 검은 연기를 사용하는 것이 좋습니다. 만약 숲속이라면 하얀 연기를 사용해야 어두운 나무들 사이에서 잘 보입니다.

⑵ 밝은 색의 옷을 이용하여 신호를 보낼 수도 있습니다. 옷을 들고 흔들거나 (비행기에서 볼 수 있도록) 땅 위에 펼쳐 놓습니다. 높은 곳에서 신호를 보내는 것이 더 잘 보일 것입니다.

⑶ 거울을 이용하여 빛을 반사합니다. 거울을 움직여 빛을 번쩍이게 하는 방법입니다.

DATA BOX　국제 모스 부호

모스 부호는 짧고, 긴 소리를 이용하여 의미를 전하는 방법입니다.
짧은 소리는 점으로 그렸습니다. : ●
긴 소리는 선으로 그렸습니다. : ▬
아래는 국제 모스 부호입니다.

문자	부호		문자	부호		문자	부호		숫자	부호
A	●▬		J	●▬▬▬		S	●●●		0	▬▬▬▬▬
B	▬●●●		K	▬●▬		T	▬		1	●▬▬▬▬
C	▬●▬●		L	●▬●●		U	●●▬		2	●●▬▬▬
D	▬●●		M	▬▬		V	●●●▬		3	●●●▬▬
E	●		N	▬●		W	●▬▬		4	●●●●▬
F	●●▬●		O	▬▬▬		X	▬●●▬		5	●●●●●
G	▬▬●		P	●▬▬●		Y	▬●▬▬		6	▬●●●●
H	●●●●		Q	▬▬●▬		Z	▬▬●●		7	▬▬●●●
I	●●		R	●▬●					8	▬▬▬●●
									9	▬▬▬▬●

[문제1~문제3] 방향을 찾는 법, 불을 피우고 먹을 것과 물을 구하는 법 등을 잘 알고 있었기 때문에 우리 모두는 무사히 집으로 돌아올 수 있었습니다. 며칠 후, 한 친구가 잔뜩 흥분된 표정을 하고 뛰어와 이렇게 말했습니다. "오리엔티어링이라고 들어 봤어? 나침반과 지도를 보고 목적지까지 빨리 가는 사람이 이기는 경기래."

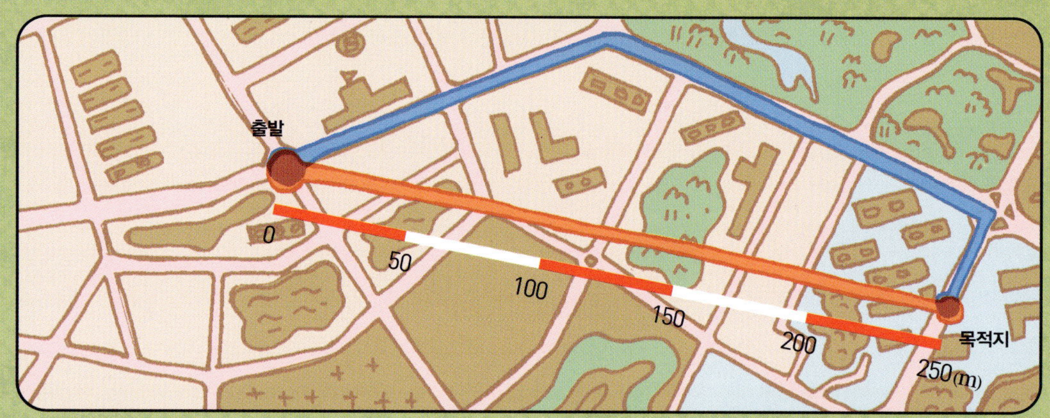

문제 1

출발 지점에서 목적지까지 가는 길을 살펴봅시다. 실제로는 건물을 뚫고 지나갈 수가 없기 때문에 빨간색 선이 아닌, 파란색 선을 따라서 가게 됩니다. 출발 지점부터 목적지까지의 거리를 어림해 봅시다. (지도에 있는 눈금자를 참고하세요. 단위는 m입니다.)

문제 2

지도 위에는 거리를 어림하는 눈금자가 그려져 있지만, 실제 땅 위에는 거리 표시가 없습니다. 그래서 보측(걸음짐작)을 많이 이용한답니다. 참가자들은 대회 전에 여러 번 실험하여 자신의 걸음 간격을 알아둡니다. 그리고는 자신이 몇 걸음을 걸었는지를 세어서 걸어 온 거리를 어림합니다. 나는 오르막길에서 230보를 걸어야 100m를 갈 수 있고, 내리막길에서는 80보를 걸어야 100m를 갈 수 있었습니다.

(1) 오르막길로 50m를 걸어가려고 합니다. 나는 몇 보를 걸어서 갈 수 있나요?

(2) 오르막길이 150m 있고, 이어서 내리막길이 25m 있었습니다. 나는 몇 보를 걸어서 갈 수 있나요?

오리엔티어링의 결과표입니다. 번호는 출발 순서이며, 4분 간격으로 출발합니다.
1등부터 6등까지의 이름을 차례로 적어 봅시다.

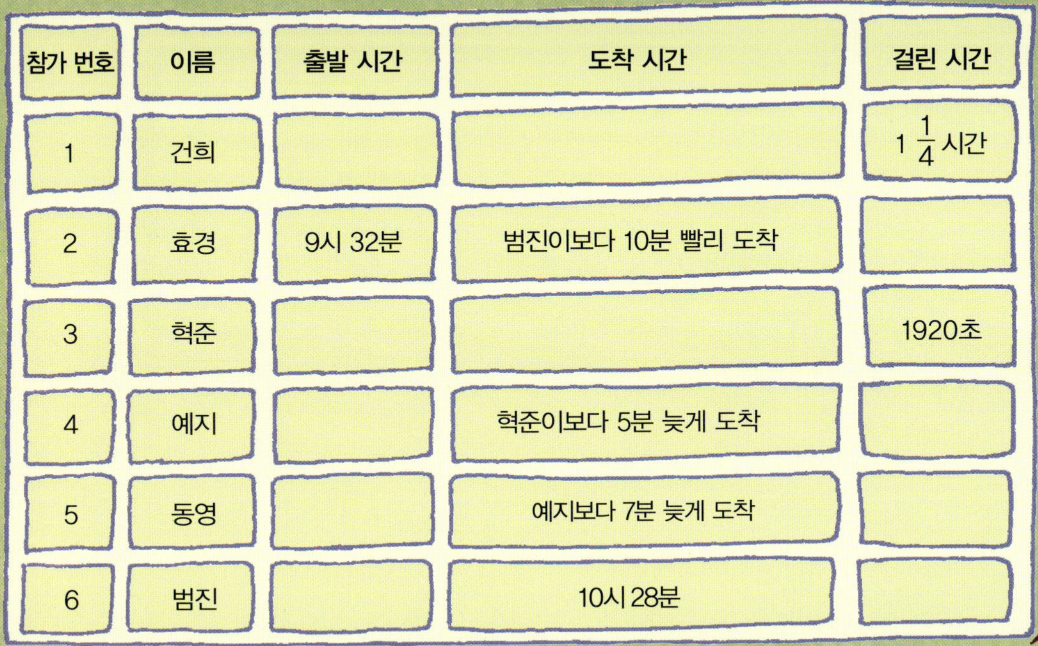

참가 번호	이름	출발 시간	도착 시간	걸린 시간
1	건희			$1\frac{1}{4}$ 시간
2	효경	9시 32분	범진이보다 10분 빨리 도착	
3	혁준			1920초
4	예지		혁준이보다 5분 늦게 도착	
5	동영		예지보다 7분 늦게 도착	
6	범진		10시 28분	

탐험대는 추위를 피하기 위하여 주변의 나무토막을 모아 모닥불을 피웠습니다.
그리고는 둘러앉아 각자 나무토막으로 여러 가지 모양을 깎았습니다.

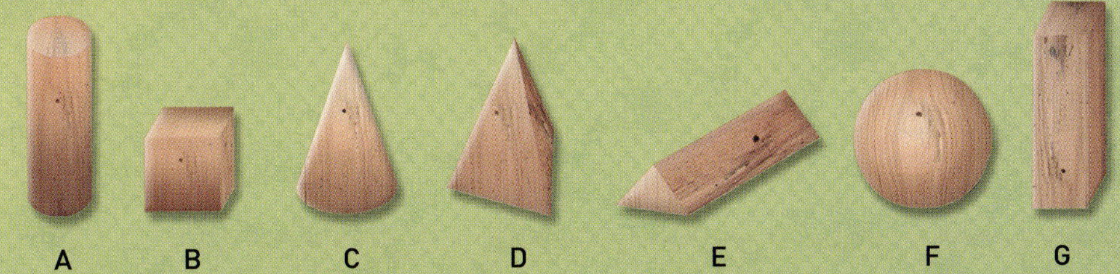

(1) 밑면이 2개인 것은 어느 것인가요?

(2) D와 E 의 공통점과 차이점을 말해 보세요.

성공을 위한 팁

작은 수의 덧셈 : 작은 수를 더할 때는 다음 방법을 사용해 보세요. 가르기와 모으기를 할 때처럼, 더해서 10이 되는 짝을 찾으세요. 1+9, 2+8, 3+7, 4+6, 5+5 처럼 말입니다.

회전과 각도 재기 : 각도는 돌아간 정도를 측정한 것입니다. 각도의 단위는 '도'이며, 기호로는 °로 적습니다. 한 바퀴를 완전히 도는 것을 360°라고 합니다. $\frac{1}{4}$바퀴는 90° 또는 직각이라고 합니다. 네 개의 직각을 더하면 한 바퀴가 됩니다. 직각의 반은 45°라는 것도 기억해 두세요.

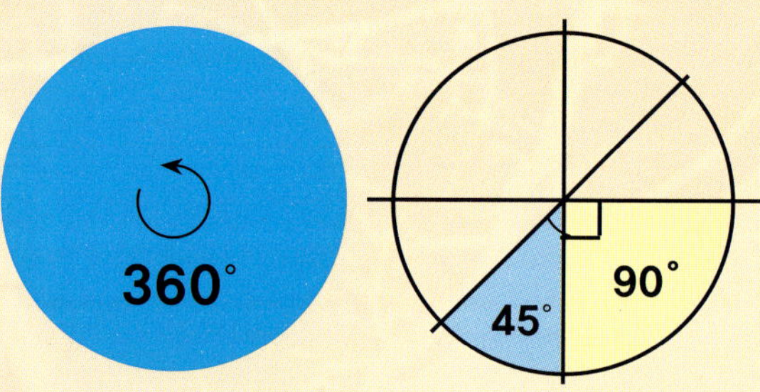

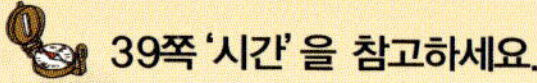
39쪽 '방향과 각도'를 참고하세요.

좌표 사용하기 : 모눈 위에 있는 한 점의 좌표를 구할 때는 가로축(바닥의 눈금)의 수를 먼저 쓰고, 다음에 세로축(옆의 눈금)의 수를 적습니다.

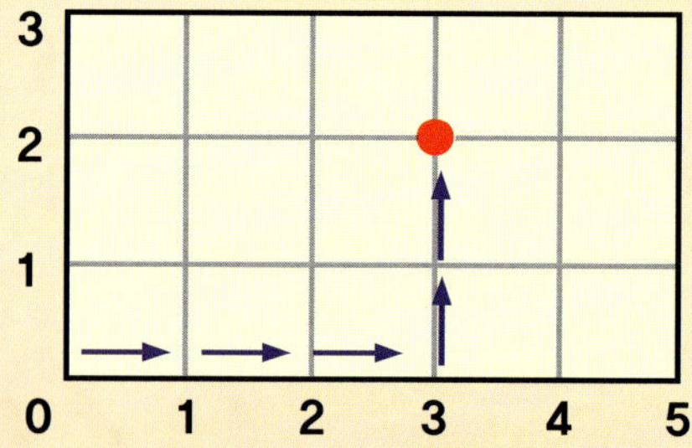

예를 들어 (3, 2) 좌표는 가로축을 따라서 3칸을 이동하고, 세로축(위로)으로 2칸 이동한 점을 말합니다.

38쪽 '좌표'를 참고하세요.

시간의 단위 : 60분은 1시간입니다. 120분은 2시간, 180분은 3시간, 240분은 4시간입니다.

39쪽 '시간'을 참고하세요.

길이의 단위 : 100센티미터는 1미터와 같습니다.
센티미터를 미터로 고칠 때에는 100으로 나누면 됩니다.
예를 들어, 675cm를 675 ÷ 100 = 6.75와 같이 하여 6.75m로 나타냅니다.
미터 단위를 센티미터 단위로 고칠 때에는 100을 곱하면 됩니다.
예를 들어, 1.2m를 1.2 × 100 = 120과 같이 하여 120cm로 나타냅니다.

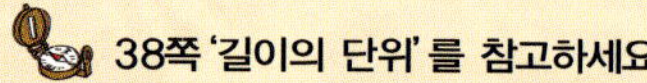
38쪽 '길이의 단위'를 참고하세요.

[생존 비법]

1×12 = 12	2×12 = 24
3×12 = 36	4×12 = 48
5×12 = 60	6×12 = 72
7×12 = 84	8×12 = 96
9×12 = 108	10×12 = 120

14×12를 구할 때는 10×12와 4×12의 값을 더하면 됩니다.

[도전 문제]

면은 휘어진 곳이 아니라 평평한 부분을 말합니다.

입체도형 : A~G와 같은 도형을 입체도형이라고 합니다. 공처럼 어느 방향에서 보아도 둥근 입체도형을 구라고 합니다. 위와 아래에 있는 면이 서로 평행이고 합동인 다각형으로 이루어진 입체도형을 각기둥이라고 합니다.

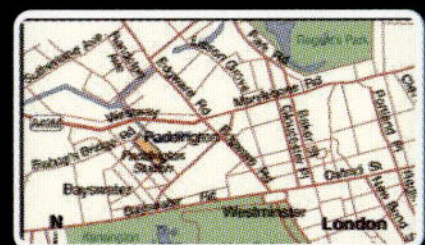    

[생존 비법]

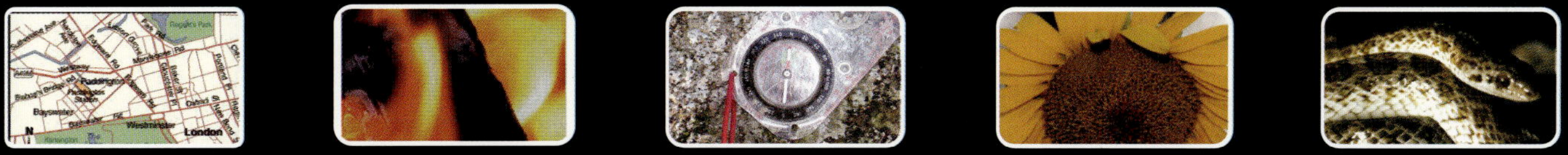

1000mL는 1L와 같습니다.

 38쪽 '부피의 단위'를 참고하세요.

[도전 문제]

먼저 3L 깡통에 든 물을 5L 깡통에 붓습니다. 그리고 다시 3L 깡통을 채웁니다. 그 다음은? 직접 풀어 보세요.

그림그래프 : 그림그래프에 있는 그림 한 개가 무엇을 나타내는지 알아야 합니다. 이 그림그래프에서는 원 한 개가 식량 12개를 의미합니다. 그러므로 원 반쪽은 12개의 반인 6개를 나타냅니다.

39쪽 '그림그래프'를 참고하세요.

[생존 비법]

뗏목이 다른 사람을 태우기 위해 되돌아올 때 한 사람은 항상 타고 있어야 한다는 것을 잊지 마세요.

아래와 같이 그림을 그려 알아 보세요.

● = 사람 1명

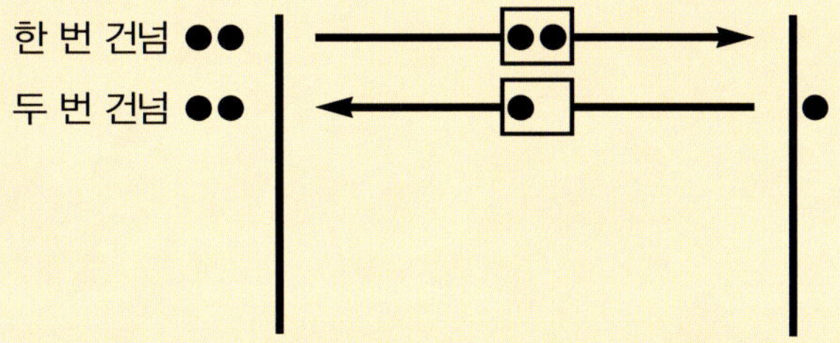

한 번 건넘 ●●

두 번 건넘 ●●

가능성 눈금 : 직선 위에 ×표시를 하여 가능성을 나타내어 보세요. 한 칸의 크기는 $\frac{1}{6}$입니다.

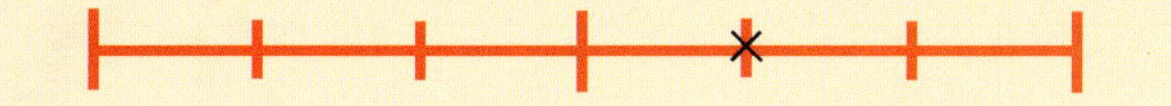

39쪽 '가능성'을 참고하세요.

[도전 문제]

1시간은 60분이므로 60×6을 하면 답을 구할 수 있습니다.

좌표

직선·평면·공간에서 점의 위치를 나타내는 수의 짝.
평면에서 좌표는 가로축, 세로축 순으로 읽습니다. 빨간색 점의 좌표는 (3, 4), 파란색 점의 좌표는 (6, 2)입니다.

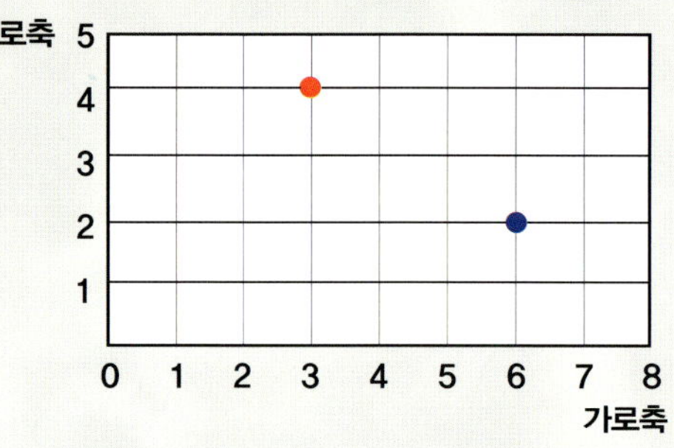

길이의 단위

220cm는 m로 나타낼 때 100으로 나누어 2.20m라고 할 수 있고, 소수점 아래 맨 끝의 0은 생략하여 2.2m로 나타낼 수 있습니다. 4.1m는 cm로 나타낼 때 100을 곱하여 410cm로 나타낼 수 있습니다.

부피의 단위

1000밀리리터는 1리터. 기호로는 mL(밀리리터) , L(리터)로 나타냅니다. 부피의 계산은 같은 단위끼리 맞추어 쓴 후 자연수의 덧셈, 뺄셈과 같은 방법으로 합니다. 4L에 4L를 더 부으면 8L, 8L에서 1L를 빼면 7L가 됩니다.

각기둥

윗면과 아랫면이 같은 모양의 다각형이고, 옆면은 여러 개의 직사각형으로 이루어진 입체도형 또는 같은 크기와 모양의 평면도형을 쌓아 만든 입체도형.
각기둥을 밑면에 평행하게 자르면, 자른 면은 항상 밑면과 크기와 모양이 같습니다. 모든 각기둥의 면은 평면도형입니다.

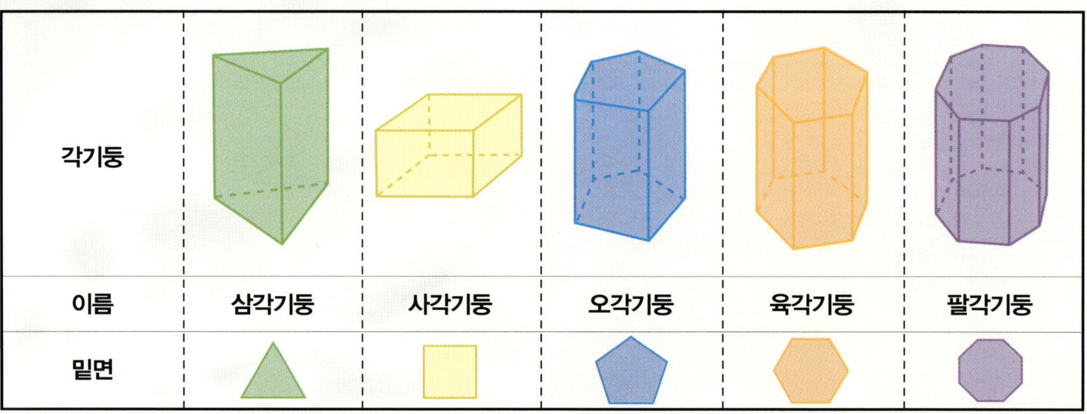

각기둥					
이름	삼각기둥	사각기둥	오각기둥	육각기둥	팔각기둥
밑면					

<table>
<tr><td>

**방향과
각도**

</td><td>

방향은 크게 동, 서, 남, 북으로 90°마다 표시할 수 있으며 각 방향 사이를 북동, 남동, 남서, 북서로 더 나눌 수 있습니다. 북쪽에서 동쪽까지의 각도는 90°이고, 그 사이를 반으로 나눈 북쪽에서 북동쪽까지의 각도는 45°입니다. 8방향으로 나눌 때 각 방향 사이의 크기는 45°씩입니다. 예를 들어, 남쪽에서 북서쪽 사이의 각도(시계방향으로)는 135°입니다.

</td><td>

</td></tr>
</table>

<table>
<tr><td>

시간

</td><td>

시계의 분침이 작은 눈금 한 칸을 가는 시간은 1분입니다. 시계에는 작은 눈금이 모두 60개 있으므로 분침이 시계 한 바퀴를 도는 데 걸리는 시간은 60분입니다. 분침이 시계를 한 바퀴 도는 동안 시계의 시침은 숫자 한 칸 (작은 눈금 다섯 칸)을 이동합니다. 따라서 70분은 1시간 10분으로 고쳐 쓸 수 있습니다.

</td></tr>
</table>

<table>
<tr><td>

**그림
그래프**

</td><td>

조사한 수를 그림으로 나타낸 그래프.
그림그래프는 자료의 특징에 알맞은 그림을 선택하여 그리므로 자료의 특징을 한눈에 알아볼 수 있습니다.
오른쪽 그래프는 네 지역의 사과 생산량을 나타낸 그림그래프입니다. 🍅는 사과 100상자, 🍎는 사과 10상자를 나타냅니다. 🍅가 4개이면 400상자, 🍎가 2개면 20상자이므로, (라)지역의 사과 생산량은 420상자입니다.

</td><td>

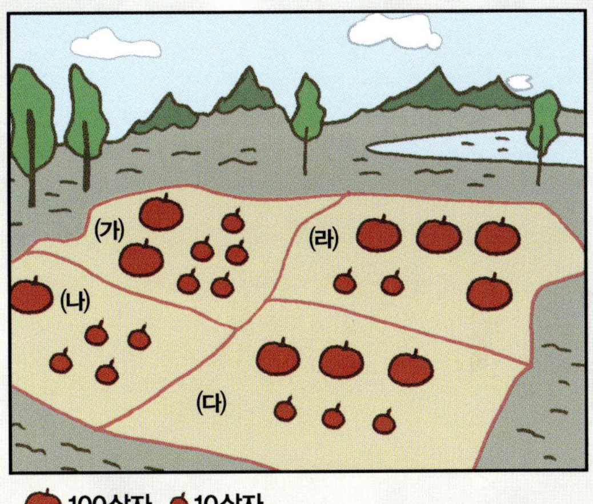

</td></tr>
</table>

<table>
<tr><td>

가능성

</td><td>

어떤 일이 앞으로 일어나게 될 성질. 가능성이 높다는 것은 앞으로 어떤 일이 일어나기 쉽다는 말입니다. 반대로 가능성이 없거나 낮은 것은 앞으로 일어나지 않거나 일어나기 어렵다는 뜻입니다. 이러한 가능성을 수치로 정확하게 나타낼 경우 확률이라고 말하며 반드시 일어날 경우의 확률은 1, 절대로 일어나지 않을 경우의 확률은 0으로 나타냅니다. 확률이 1에 가까울수록 일어날 가능성이 높고, 0에 가까울수록 일어나지 않을 가능성이 높은 것입니다.

</td></tr>
</table>

에베레스트 등반

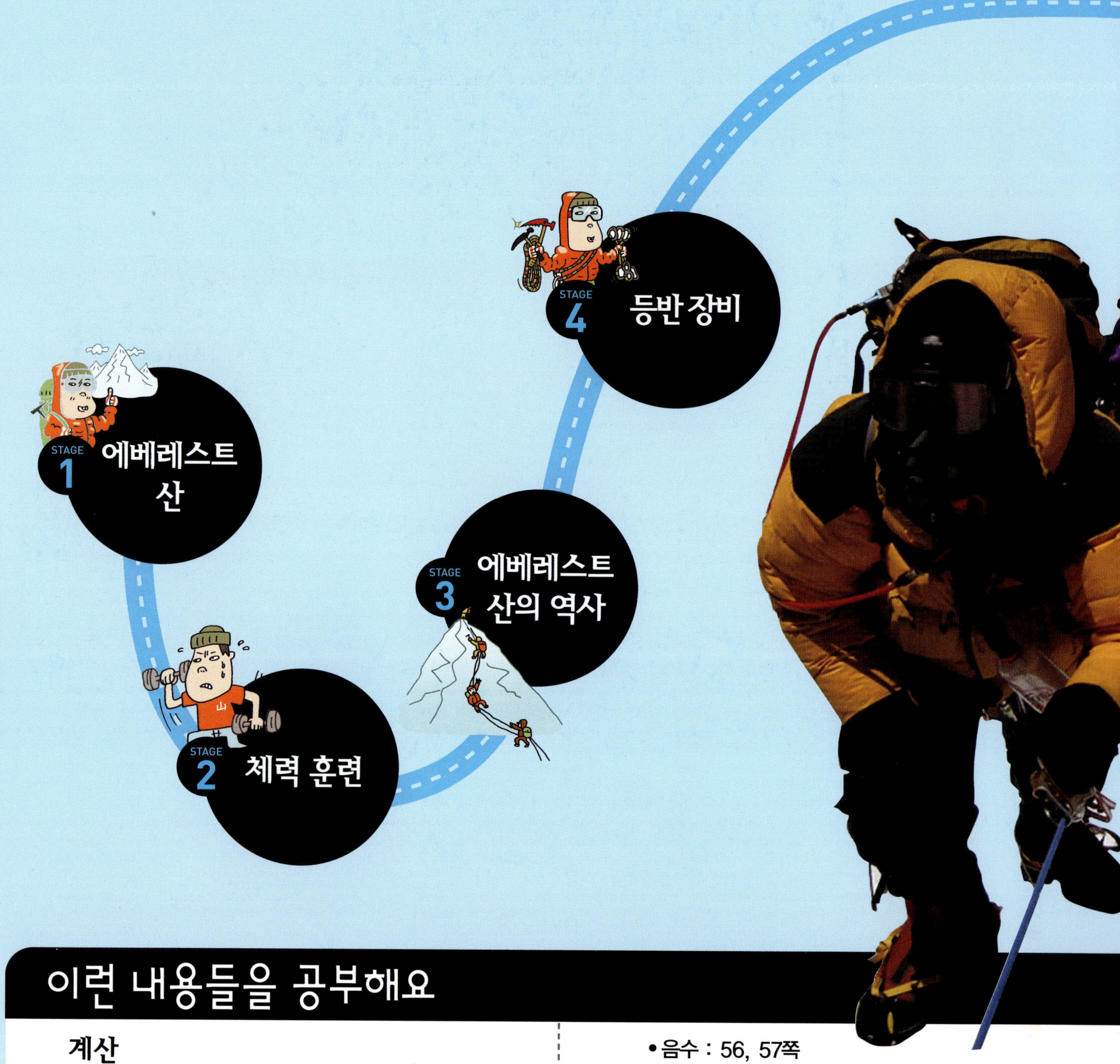

이런 내용들을 공부해요

계산

암산을 하거나 종이에 적어서 계산하며, 덧셈, 뺄셈, 곱셈, 나눗셈을 연습할 것입니다.

수

- 평균 : 50쪽
- 수를 비교하고 순서 짓기 : 44쪽
- 어림하기 : 44, 52, 53, 64, 65쪽
- 분수 : 58, 59, 64, 65쪽
- 음수 : 56, 57쪽
- 수의 규칙 : 46, 47쪽
- 수열 : 46, 47쪽
- 퍼센트 : 52, 53, 64, 65쪽
- 큰 수 : 54, 55, 59쪽

생활 속 문제 해결

- 날짜 : 46, 47, 48, 49쪽
- 돈 : 54, 55쪽

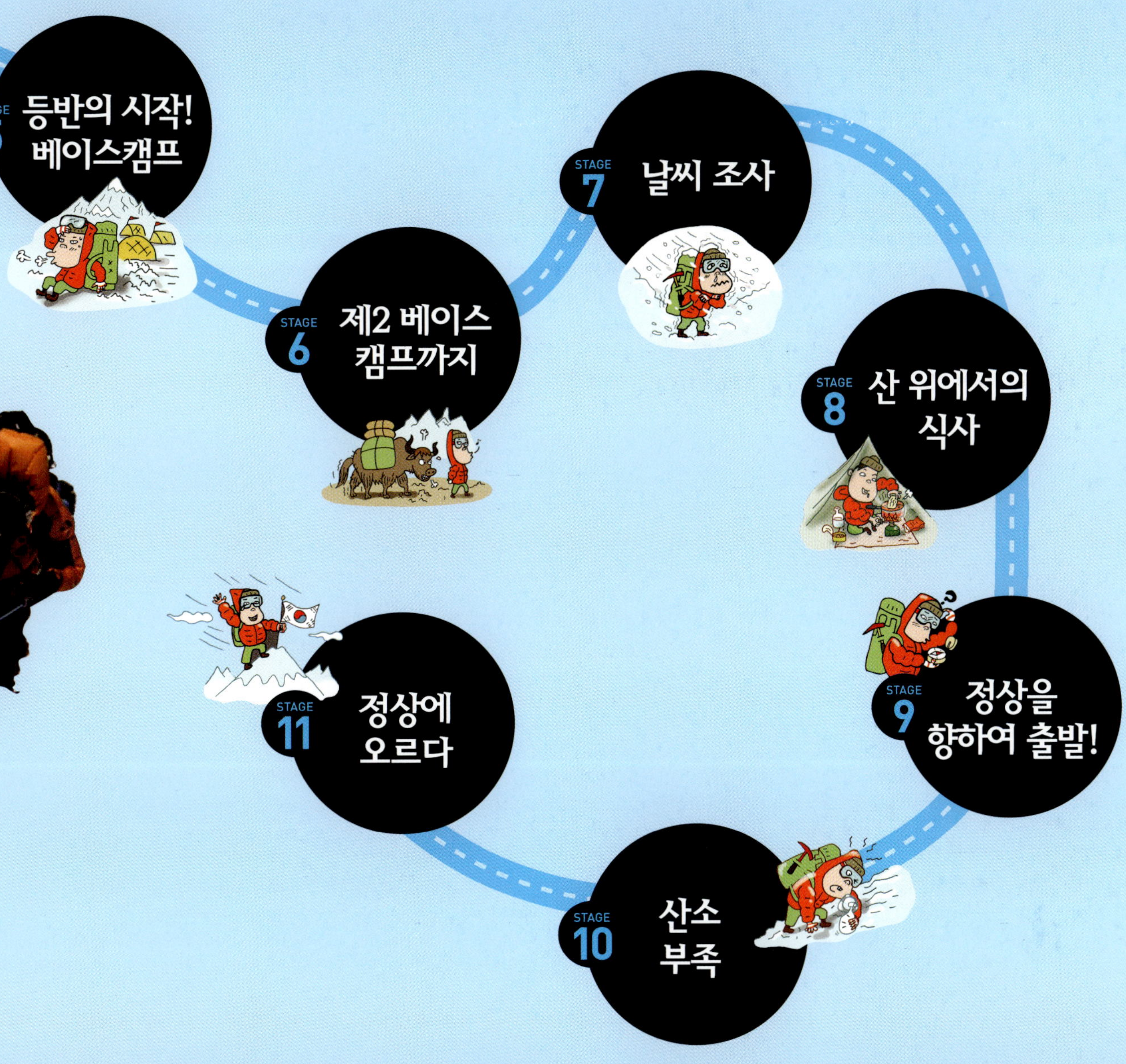

STAGE 5 등반의 시작! 베이스캠프

STAGE 6 제2 베이스 캠프까지

STAGE 7 날씨 조사

STAGE 8 산 위에서의 식사

STAGE 9 정상을 향하여 출발!

STAGE 10 산소 부족

STAGE 11 정상에 오르다

- 온도 : 56, 57쪽
- 시간 : 46, 47, 49, 61, 62, 63쪽
- 무게 : 50, 51, 54, 55쪽

자료 다루기

- 연표 : 48, 49쪽
- 그래프 읽기 : 52, 53, 57쪽

측정

- 단위 변환 : 44쪽

도형과 공간

- 평면도형 : 64쪽
- 각도 : 60쪽
- 나침반, 방향 : 60쪽

다음에 나오는 이름의 공통점은 무엇일까요?

시샤팡마, 가셔브롬 봉1, 가셔브롬 봉2, 브로드피크, 안나푸르나, 낭가파르밧, 마나슬루, 다울라기리, 초오유, 마칼루, 로체, 칸첸중가, 케이투(K2), 에베레스트!

히말라야에 있는 높이 8000m 이상인 봉우리의 이름들이에요. 이 봉우리들을 합쳐서 '히말라야 14좌'라고 부른답니다. 여기에 얄룽캉, 로체샤르를 더하여 '히말라야 16좌'라고 부르기도 하고요.

많은 사람들이 히말라야의 14개의 봉우리를 모두 오르기 위해 도전해 왔습니다.

우리 나라 사람 중 지금까지 14개의 봉우리 **정상에 오르는 데 성공한 사람은 엄홍길**(아시아 최초, 세계 8번째), **박영석**(세계 9번째), **한왕용**(세계 11번째) 이 세 사람뿐이에요.

그리고 2007년 5월 31일, 엄홍길 대장이 세계 최초로 히말라야 16좌 등정에 성공했어요. 하지만 엄홍길 대장의 등정이 처음부터 순탄했던 것은 아니었대요. 그는 25세때인 1985년에 에베레스트산 첫 등정에 실패하고, 다음 해인 1986년에 이전의 실패의 경험을 토대로 철저히 준비하여 다시 에베레스트 산에 도전했습니다.

그런데 정상까지 약 일주일의 여정을 남겨두었을 때 그만 사고가 일어나고 말았어요. 산소통을 운반하던 동료가 추락하여 크레바스(빙하와 빙하 사이에 생긴 틈으로 눈으로 덮여 있어서 잘 보이지 않는 경우가 많음) 아래 떨어지고 만 거예요. 그렇게 첫 희생자가 발생하고, 그는 희생자에 대한 죄책감과 두려움 때문에 등정을 포기할 뻔도 했어요. 하지만 1988년 세 번째 도전을 하게 되었고, 아시아 최초로 에베레스트 산 정상을 밟은 산악인이 되었습니다.

그 후로도 어려운 일은 참 많았어요. 1998년 안나푸르나 등정 때는 추락하는 셰르파를 구하다가 다리가 부러지기도 했고, 낭가파르밧 원정 때는 동상에 걸려 발가락을 잘라내기도 했지요. 아마 엄홍길 대장도 자신이 히말라야 16개의 봉우리를 모두 밟을 수 있으리라고는 상상하지 못했을 거예요.

많은 고난 속에서도 끝까지 포기하지 않고 도전하는 마음과 철저한 준비 덕분에 그는 결국 '세계 최초 히말라야 16좌 완등'을 이룩할 수 있었던 거죠.

우리는 지금부터 세계에서 가장 높은 산으로 향하는 사람들의 이야기를 살펴볼 거예요. 어떤 고난이 우리 앞을 가로 막고 있는지, 어떻게 해결해 나갈지 지금부터 차근차근 알아보아요.

에베레스트 산

세계 각국 출신으로 구성된 등반*팀이 지구상에서 가장 높은 에베레스트 산 등반을 시작하였습니다. 나는 높은 산을 많이 등반한 산악인으로 이번 등반팀에 합류하였습니다. 아직 에베레스트 산에 대해 모르는 것이 너무 많네요. 에베레스트 산의 또다른 이름을 알고 있나요? 어디로 가야 할지, 가야 할 곳은 얼마나 멀리 떨어져 있는지, 얼마나 높은 산인지…. 등반하기 전에 조사할 것이 참 많습니다. 등반팀의 대원들은 모두 에베레스트 산의 위치와 에베레스트 산과 도시 사이의 거리가 표시되어 있는 지도를 받았습니다.

*등반 : 험한 산이나 높은 곳의 정상에 이르기 위하여 오름.

등반 일지

DATA BOX 에는 세계의 높은 산들의 정보가 있습니다. 표의 정보를 이용하여 다음 물음에 답하여 봅시다. 단위는 **m**를 사용하세요.

(1) 에베레스트 산의 높이는 얼마인가요?

(2) 세계에서 네 번째로 높은 산은 어느 것인가요?

(3) 다음 산보다 에베레스트 산은 몇 m 더 높은가요?

(a) 캉첸중가 산　　　(b) 다울라기리 산
(c) 마칼루 산　　　　(d) 마나슬루 산
(e) 케이투(K2)　　　(f) 로체 산
(g) 초오유 산

(4) 1마일* 은 5280피트* 입니다. 마나슬루 산의 높이는 약 몇 마일인가요?

*마일(mile) : 거리의 단위. 1mile은 약 1.6km입니다.
*피트(ft) : 길이의 단위. 1ft는 약 30.48cm입니다.

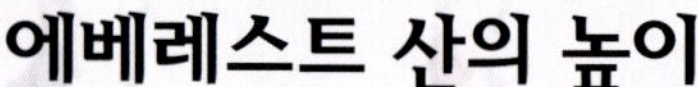
68쪽에 도움말이 있습니다.

에베레스트 산의 높이

1955년에 보다 더 정밀한 방법으로 산의 높이를 측정하였습니다. 그 때까지 에베레스트 산의 높이는 8839.81m로 알려져 있었습니다. 약 3.5m 두께의 눈이 쌓여 있는 에베레스트 산 꼭대기의 높이는 정확히 8844.43m입니다. 에베레스트 산이 가장 높은 산이라는 것이 증명되기 전에는 캉첸중가 산을 가장 높은 산으로 알고 있었습니다.

에베레스트 산의 다른 이름들

- 티벳 사람들은 에베레스트 산을 초모렁마라고 부릅니다. 초오렁마는 세계의 어머니신이라는 뜻입니다.

- 네팔에서 부르는 이름은 사갈맷아입니다. 사갈맷아는 바다의 이마, 또는 하늘의 신이라는 뜻입니다.

 세계 최고의 산 8개의 높이와 위치

세계의 높은 산 8개입니다. 여기에 있는 산은 모두 히말라야 산맥에 있습니다.

산 이름	다른 이름	정상의 높이(m)	정상의 높이(피트)	위치한 나라
에베레스트 산	초모렁마, 사갈맷아	8844	29035	네팔 / 중국(티벳)
캉첸중가 산		8586	28169	네팔 / 인도
다울라기리 산		8167	26794	네팔
마칼루 산		8462	27765	네팔 / 중국(티벳)
마나슬루 산		8156	26758	네팔
케이투(K2)	코기르, 고드윈 오스턴	8611	28250	파키스탄
로체 산		8516	27940	네팔
초오유 산		8201	26906	네팔 / 중국(티벳)

에베레스트 산을 오르는 것은
많은 등반가들의 꿈입니다.

도전 문제

위의 지도는 세계 각 도시와
에베레스트 산 사이의 거리를 나타낸 것입니다.

거리를 마일 단위로 나타내었습니다. 마일 단위를 km 단위로
고치려면, 5로 나눈 뒤 8을 곱하면 됩니다. 아래 도시는 에베레
스트 산에서 얼마나 떨어져 있는지 km 단위로 나타내어 보세요.

(a) 런던　　　　(b) 뉴욕　　　　(c) 부에노스 아이레스
(d) 도쿄　　　　(e) 케이프타운　　(f) 시드니

68쪽에 도움말이 있습니다.

체력 훈련

에베레스트 산 정상에 오르기 위해서는 강한 체력이 있어야 하므로, 몇 달에 걸쳐 체력 훈련을 해야 합니다. 훈련 계획을 세워 봅시다. 달리기, 자전거 타기, 수영처럼 심장을 강하게 하는 운동을 해야 합니다. 또한 우리 나라에 있는 산부터 먼저 여러 번 올라가 보세요. 근육을 키워 몸의 힘을 기르면, 무거운 배낭을 짊어질 때나, 꽁꽁 언 눈을 팔 때 도움이 될 것입니다. 또한 살을 좀 찌워두는 것이 좋습니다. 에베레스트 산 등반을 할 때 몸의 지방을 태워서 에너지를 내야 하니까요.

등반 일지

DATA BOX 의 훈련 계획표를 보세요.

(1) 7월 한 달 동안 이 계획대로 훈련을 했습니다.

　(a) 쉬는 날은 모두 며칠이었나요?

　(b) 8 km 달리기는 며칠 하였나요?

　(c) 한 달 동안 총 몇 km를 달렸나요?

(2) 1 km를 달리는 데 약 7분이 걸린다면, 8 km를 달리는 데는 몇 분이 걸릴까요?

(3) 쉬는 날짜들만 살펴보세요. 어떤 규칙이 있나요?

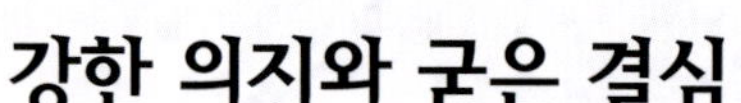
68쪽에 도움말이 있습니다.

강한 의지와 굳은 결심

대체로 체력이 좋고, 산에 오르는 것을 좋아할수록 정상에 잘 오릅니다. 그러나 단순히 체력이 좋다고 해서 높은 곳에 잘 적응할 수 있는 것은 아닙니다. 산소 부족을 경험해 보지 못한 사람은 고산병*에 더 잘 걸립니다. 산에 오르는 동안 산소가 부족한 환경에 몸이 적응할 때까지 아무 것도 하지 않고 긴 시간을 보냅니다. 고산병 때문에 정상에 오르는 것을 포기하고 등반팀에서 빠지는 사람도 있습니다. 이처럼 높은 곳에 오르는 것은 어렵습니다. 하지만 체력이 좋은 사람도 정상에 오르기 어려운데, 체력이 약한 사람이 등반에 성공하는 경우가 있습니다. 포기하지 않고 등반에 성공하겠다는 강한 의지와 굳은 결심이 체력보다 더 중요했던 것입니다.

*고산병 : 높은 산에 올라 갔을 때 기압이 낮아서 생기는 두통, 구토 따위의 증세.

한 달간 배낭을 메고 언덕을 뛰어오르거나 런닝머신 위를 달리는 계획을 세웠습니다. 그리고 매일 뛰는 거리를 달력에 적었습니다.

7월						
월	화	수	목	금	토	일
		1 8km	2 8km	3 8km	4 8km	~~5~~ 휴식
6 8km	7 8km	8 8km	9 8km	~~10~~ 휴식	11 8km	12 8km
13 8km	14 8km	~~15~~ 휴식	16 8km	17 8km	18 8km	19 8km
~~20~~ 휴식	21 8km	22 8km	23 8km	24 8km	~~25~~ 휴식	26 8km
27 8km	28 8km	29 8km	~~30~~ 휴식	31 8km		

도전 문제

DATA BOX 에 있는 정보를 이용하여
다음 물음에 답해 보세요.

(1) 7월 한 달 동안 이 계획대로 훈련을 했습니다.

  (a) 금요일에 달리기 체력 훈련을 한 날은 며칠인가요?
  (b) 토요일에 달리기 체력 훈련을 한 날은 며칠인가요?
  (c) 단 하루도 쉬지 않는 요일은 무슨 요일인가요?

(2) 1km를 달리는 데 5분이 걸린다면, 7월 한 달 동안 훈련한 시간은 모두 얼마일까요? 몇 시간 몇 분으로 답해 보세요.

(3) 7월 1일부터 다음과 같은 훈련을 반복한다면, 한 달 동안 몇 km를 달리게 되나요?

  (a) 하루에 8km씩 3일을 달린 후, 2일을 쉰다.
  (b) 하루에 8km씩 2일을 달린 후, 1일을 쉰다.
  (c) 하루에 8km씩 1일을 달린 후, 1일을 쉰다.

다른 높은 산을 오르면서 에베레스트 산에 오를 준비가 되었는지 확인해 봅니다.

에베레스트 산의 역사

에베레스트 산을 오르기 전에 에베레스트 산의 역사를 알면 좋겠지요. 사람들은 오랫동안 에베레스트 산을 등반하고 싶었습니다. 하지만 수세기 동안, 사람들은 이 산에 신과 괴물이 살고 있다고 생각하여 감히 산에 오를 엄두를 내지 못했습니다. 그러나 오늘날은 에베레스트 산이 세계에서 가장 높은 산으로 그 의미가 매우 특별해서, 해마다 수천 명의 전 세계 등산가들이 정상에 오르려고 도전합니다. 그 도전은 비교적 날씨가 좋은 4월이나 5월에 주로 이루어집니다.

등반 일지

DATA BOX 에는 에베레스트 산의 역사를 보여 주는 연표가 있습니다. 이 자료를 이용하여 다음 물음에 답해 봅시다.

(1) '에베레스트'라는 이름이 붙여진 것은 몇 년도인가요?

(2) 에베레스트 산의 이름이 붙여진 이후로 다음 사건이 일어나기까지 약 몇 년이 지났나요?

  (a) 처음으로 북쪽 면에 오르는 데 성공함

  (b) 처음으로 남쪽 면에 오르는 데 성공함

  (c) 처음으로 정상 등반에 성공함

(3) 1953년에 힐러리와 노키가 에베레스트 산 꼭대기에 오른 때부터 다음의 사건까지 약 몇 년이 지났나요?

  (a) 처음으로 여성이 정상 등반에 성공함

  (b) 처음으로 산소통 없이 등반함

  (c) 처음으로 혼자 등반함

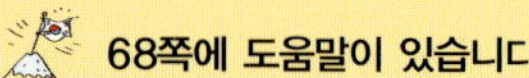

68쪽에 도움말이 있습니다.

에베레스트 산

말로리와 얼바인의 미스터리

1924년 6월 8일에 말로리와 얼바인이 에베레스트 산 정상을 향해 올랐습니다. 그들은 세계 최초로 에베레스트 산 정상에 오르고 싶었습니다. 그러나 탐험대 대장인 오델이 그들의 모습을 본 뒤로, 두 사람의 모습은 다시 볼 수 없었습니다. 말로리의 몸은 70년이나 지난 후에야 얼음 속에서 꽁꽁 언 채로 발견되었습니다. 그들이 정상에 오르는 것에 성공했는지 못했는지는 아직도 알 수 없습니다.

에베레스트 연표

1800년대 초에 인도를 측량하던 영국인 조지 에베레스트가 히말라야 산맥에서 가장 높은 산의 측량을 시도함. 1865년 그의 이름을 따서 에베레스트라는 이름이 붙여짐. 그 이전의 이름은 15번 봉우리였음.

처음으로 여성이 정상 등반에 성공함.
탐험대장 : 준코 타베이. 1975년 5월 16일

처음으로 산소통 없이 등반함.
레인홀드 메스너, 피터 하벨러.
1978년 5월 8일

처음으로 남쪽 면에 오르는 데 성공함.
탐험 대장 : 에드워드 위스 도넌트

| 1865 | 1921 | 1952 1953 | 1975 | 1978 1980 |

처음으로 북쪽 면에 오르는 데 성공함.
탐험 대장 : 찰리 하워드 베리

처음으로 남서면에 오르는 데 성공함. 듀 스코트, 듀걸 해스턴.
1975년 9월 24일

처음으로 정상 등반에 성공함.
탐험대장 : 에드먼드 힐러리, 텐징 노키.
1953년 5월 29일

처음으로 혼자 등반함.
레이놀드 메스너.
1980년 9월 20일

열기구로 도전하다

열기구를 에베레스트 산 정상 높이까지 띄우는 것이 가능할까요? 1991년 10월, 두 개의 열기구로 실험을 했습니다. 그러나 아쉽게도 실험은 모두 실패로 끝났습니다. 첫 번째는 가스가 떨어져서 내려왔고, 두 번째는 열기구가 작동하지 않았습니다.

도전 문제

(1) 준코 타베이는 1975년 5월 16일에 정상 등반에 성공했습니다. 듀 스코트와 듀걸 해스턴은 1975년 9월 24일에 처음으로 남서면에 오르는 데 성공했습니다. 두 날짜 사이에는 며칠이 지났나요? (단, 5월 16일과 9월 24일은 포함하지 마세요.)

(2) 문제 (1)의 답은 대략 몇 시간인가요?

 68쪽에 도움말이 있습니다.

등반 장비

에베레스트 산에 오를 준비를 시작해 볼까요? 가지고 갈 장비를 골라야 합니다. 등반 장비는 생명과 큰 관련이 있으므로 최고로 좋은 것들로 준비해야 합니다. 그러면 장비의 무게는 얼마가 적당할까요? 집에서는 배낭이 가볍다고 생각할 수 있지만 산에 오를 때는 가볍지만은 않습니다. 미리 근육을 잘 단련해 두었다면 걱정 없겠지요. 등반팀에게는 잠잘 텐트, 요리할 텐트, 밥 먹을 텐트, 짐을 놓을 텐트, 화장실 텐트가 필요합니다. 다행히 텐트같이 무거운 장비는 야크*에 실어서 산에 오를 것입니다.

*야크 : 티벳에 사는 들소

등반 일지

DATA BOX 에는 필요한 등반 장비 목록이 있습니다. 각 장비의 무게는 g 단위로 적었습니다.

무게가 모두 얼마인지 구해 보세요.

(a) 등반용 고리 4개
(b) 납작한 끈 형태의 보조로프 2개
(c) 선글라스와 고글
(d) 등강기*와 하강기*
(e) 대형 배낭과 소형 배낭
(f) 휴대용 칼과 빙설 등반용 도끼
(g) 안전벨트와 머리에 매는 전등과 전구
(h) 등산용 아이젠 2개와 소형 배낭

*등강기 : 로프를 이용하여 몸을 끌어올리는 장비
*하강기 : 로프를 이용하여 몸을 아래로 내리는 장비

도전 문제

DATA BOX 의 표를 보고, 장비의 무게를 모두 더하면 얼마인지 구해 보세요.

(a) g 단위로 적어 보세요.
(b) kg 단위로 적어 보세요.

68쪽에 도움말이 있습니다.

주요 장비의 사용법

- 등반용 고리는 금속으로 만들어져 있습니다. 등반용 고리를 등반가의 몸에 고정시키고, 안전 로프를 연결하여, 추락을 방지합니다.

- 하강기는 꼭 숫자 8처럼 생겼습니다. 하강기와 로프 사이에 마찰*이 생겨서, 미끄러지는 것을 막아 줍니다. 등산가가 줄을 타고 내려올 때, 이것으로 내려오는 속도를 조절합니다.

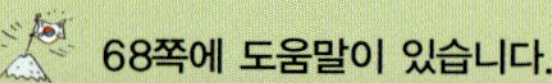

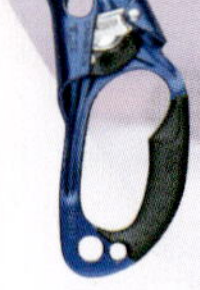

- 줄을 따라 등강기를 올리고 클립으로 고정시키면, 등강기는 그 자리에서 내려오지 않습니다. 이것은 줄을 타고 산에 오를 때 큰 도움이 됩니다.

- 납작한 끈 형태의 보조로프는 약 50cm 길이입니다. 이것은 여러 가지 장비(등강기, 하강기 등)에 끼워 사용합니다.

- 끈으로 만든 고리는 보조로프와 비슷한데 두께가 6mm입니다. 등강기를 잃어버렸거나 망가졌을 때 대신 사용합니다.

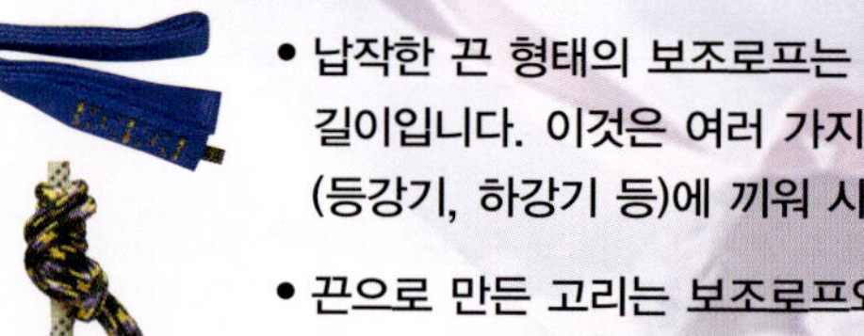

*마찰 : 접촉하고 있는 두 물체가 서로의 운동을 방해하려고 하는 작용

DATA BOX   등반 장비 목록

등반 장비	개수	무게
안전벨트	1	410g
등반용 고리	4	각 75g
하강기	1	280g
등강기	1	280g
납작한 끈 형태의 **보조로프**	2	각 15g
끈으로 만든 고리	1	10g
빙설 등반용 도끼	1	500g
등산용 아이젠	2	420g
머리에 매는 전등과 전구	1	180g
휴대용 칼	1	120g
선글라스	1	50g
고글	1	50g
대형 배낭	1	850g
소형 배낭	1	575g

그 외의 장비들

다음의 장비도 필요합니다.

팀 장비 : 휴대용 레인지, 조리대, 식탁과 의자, 조리 도구, 식사 도구, 구급상자, 라디오, 위성 전화기, 컴퓨터, 태양 전지, 산소 마스크, 레귤레이터(전압을 바꿔주는 도구), 가스통

개인 장비 : 카메라나 비디오(필름과 배터리 포함), 수리 도구, 읽을 것, 개인용 구급상자, 일지와 필기도구, 썬크림, 입술 크림, 물병 2개, 개인용 화장실, 머리에 매는 전등에 들어갈 배터리, 침낭 2개, 푹신한 매트

옷 : 셔츠 5개, 자켓 3개, 속옷 2개, 소변기 2개, 바지 3개, 반바지 1개, 장갑 5개, 태양을 가릴 모자, 따뜻한 모자, 양말 10켤레, 등산용 부츠, 산악 부츠, 각반*

*각반 : 걸음을 걸을 때 발목 부분을 가볍고 편하게 하기 위하여 발목에서부터 무릎 아래까지 돌려 감거나 싸는 띠

등반의 시작! 베이스캠프

남자 9명, 여자 3명으로 구성되어 있는 우리 등반팀 모두가 네팔의 수도 카트만두에 왔습니다. 카트만두는 에베레스트 산과 아주 가깝습니다. 며칠 후에는 라싸라는 도시에 도착하고, 곧 베이스캠프에 도착할 것입니다. 베이스캠프는 등반을 시작하는 지점이지요. 이곳에서 일주일 동안 머무르면서 장비를 점검하고, 높은 고도*에 적응합니다. 카트만두에서 시작해서 에베레스트 산까지 가는 동안 매우 조심하세요! 점점 높은 곳으로 올라갈수록 고산병에 걸리기 쉽답니다.

* 고도 : 해수면에서부터의 높이

등반 일지

DATA BOX 에는 고도에 따른 산소의 양을 보여 주는 그래프입니다. 그래프를 보고, 다음 물음에 답해 보세요.

(1) 아래의 산소량이 있는 곳의 고도는 몇 m인가요?

    (a) 60%   (b) 50%

    (c) 80%   (d) 67%

    (e) 35%   (f) 91%

(2) 다음 고도에서의 산소량을 어림해 보세요.

    (a) 4000m   (b) 2500m

    (c) 1000m   (d) 6000m

    (e) 7250m   (f) 3750m

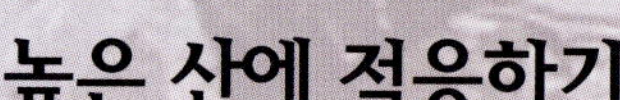
68쪽에 도움말이 있습니다.

에베레스트 산 베이스캠프, 텐트를 치기 전에 땅을 평평하게 고르고 있습니다.

높은 산에 적응하기

높은 산을 빨리 오르면, 급성 고산병에 걸릴 위험이 있습니다. 급성 고산병에 걸리면, 두통, 피곤함, 통증, 구토, 식욕 부진, 현기증, 수면 장애 등의 증상이 나타납니다. 급성 고산병은 높은 산에 올라가는 사람이라면 누구나 걸릴 수 있습니다. 이 병에 걸리지 않으려면 고도를 천천히 높여 나가야 합니다. 그리고 몸에서 적은 양의 산소를 사용하도록 해야 합니다. 몸이 고도에 적응하는 데만 수일이 걸리기도 합니다. 고도에 따라 사람의 반응은 여러 가지이지만 라싸에서는 대부분 3680 m의 고도에서 급성 고산병의 증상이 나타나기 시작합니다.

높은 고도에 오르면 오를수록 몸이 아픈 느낌을 받거나, 급성
고산병에 걸리기 쉽습니다. 고도가 높아질수록 산소의 양이 적
어지기 때문입니다.

이 그래프는 고도에 따른 산소량을 백분율(%)로 보여줍니다.

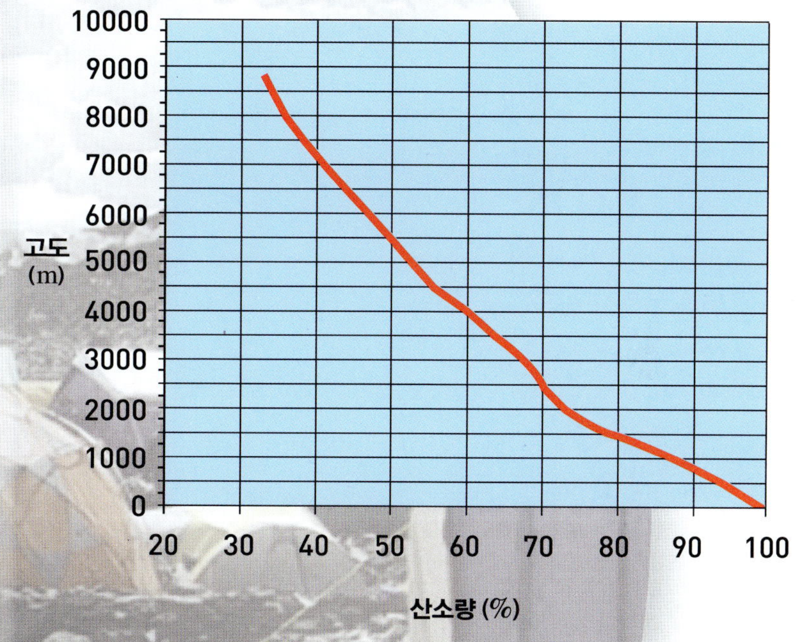

도전 문제

DATA BOX 의 그래프를 보고,
다음 물음에 답해 보세요.

(1) 4000m에서 2500m로 내려갔을 때 늘어난 산소량
　　은 약 몇 퍼센트인가요?

(2) 5500m에서 8000m로 올라갔을 때 줄어든 산소량
　　은 약 몇 퍼센트인가요?

(3) 산소량이 70% 이하로 떨어지기 시작하는 고도는
　　몇 m부터입니까?

68쪽에 도움말이 있습니다.

제2 베이스캠프까지

우리 일행은 일주일 동안 베이스캠프에 머무르면서 높은 고도에 적응할 것입니다. 그 다음에는 제2 베이스캠프를 향해 올라가야 합니다. 18km의 여정으로 해발* 5200m에서 해발 6400m까지 올라갈 거예요. 제2 베이스캠프까지는 이틀이 걸리기 때문에 중간에 다른 캠프를 설치해야 하지요. 베이스캠프에서 기다리는 동안 야크가 등반에 필요한 장비들을 실어 나릅니다. 짐을 나를 야크가 충분한지 확인을 하세요. 또한 야크를 돌보고 잘 다룰 수 있는 사람을 고용하는 것도 잊지 말기를!

*해발 : 해수면을 기준으로 한 높이

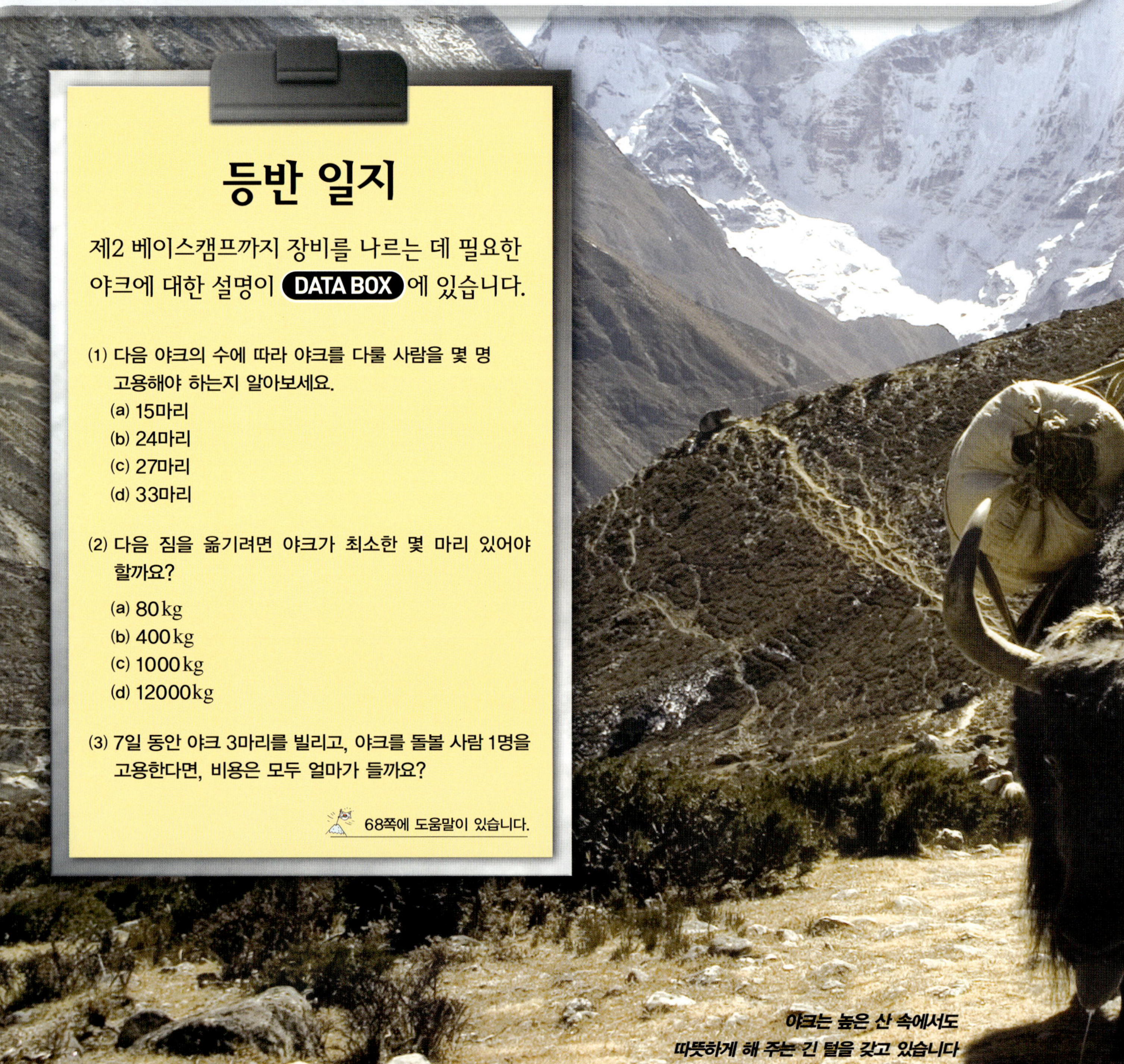

등반 일지

제2 베이스캠프까지 장비를 나르는 데 필요한 야크에 대한 설명이 **DATA BOX** 에 있습니다.

(1) 다음 야크의 수에 따라 야크를 다룰 사람을 몇 명 고용해야 하는지 알아보세요.
  (a) 15마리
  (b) 24마리
  (c) 27마리
  (d) 33마리

(2) 다음 짐을 옮기려면 야크가 최소한 몇 마리 있어야 할까요?
  (a) 80 kg
  (b) 400 kg
  (c) 1000 kg
  (d) 12000 kg

(3) 7일 동안 야크 3마리를 빌리고, 야크를 돌볼 사람 1명을 고용한다면, 비용은 모두 얼마가 들까요?

68쪽에 도움말이 있습니다.

야크는 높은 산 속에서도 따뜻하게 해 주는 긴 털을 갖고 있습니다

야크의 특성

야크는 시야가 좁기 때문에 앞선 야크의 냄새를 따라갑니다. 또한 뒷다리의 발자국이 앞다리 발자국과 같은 위치에 찍히기 때문에 뒤따라오는 야크들이 길을 찾기가 쉽습니다.

베이스캠프에 있는 야크와 장비의 모습

DATA BOX 야크 사용 정보

무거운 장비는 야크가 옮겨줍니다.

- 야크는 등 한 쪽에 20kg까지 양쪽으로 짐을 실으므로 야크 한 마리당 최대 40kg의 짐을 싣고 갈 수 있습니다.
- 야크 3마리당 야크를 돌볼 사람 한 명이 필요합니다.
- 야크 한 마리를 빌리는 데 6.20파운드*의 돈이 들고, 조련사의 일당은 8.60파운드입니다.

*파운드 : 영국의 화폐 단위. 1파운드는 약 2000원입니다.

도전 문제

우리 팀의 장비의 무게를 모두 더하면 12000 kg 입니다. **DATA BOX** 를 이용하여 다음을 구해 보세요.

(a) 필요한 야크는 몇 마리일까요?

(b) 야크를 돌볼 사람은 몇 명이 필요할까요?

(c) 야크를 빌리고, 돌볼 사람을 고용하는 데 드는 비용은 하루에 얼마인가요?

(d) 7일 동안 야크를 빌리고, 돌볼 사람을 고용하는 데 드는 비용은 얼마인가요?

안내인 셰르파

등반객들이 산을 오르도록 그 지역의 셰르파들이 도와줍니다. 셰르파는 히말라야 산맥에 사는 티벳계 족으로 히말라야 등산대의 짐 운반과 길 안내로 유명한 사람들입니다.

셰르파는 높은 고도(3000~4000m)에서 태어나 자라기 때문에, 저절로 높은 곳에 적응되어 있습니다.

그러나 셰르파 중에서도 아주 적은 수의 사람만이 높은 고도에 뛰어난 적응력을 보이고, 대부분은 보통 사람들처럼 괴로움을 느낍니다.

셰르파는 보통 태어난 요일에 따라 첫 번째 이름이 정해집니다.

예를 들어 락빠는 수요일을, 니마는 일요일을 의미합니다.

똑같은 이름을 가진 사람들이 많기 때문에 셰르파는 이름과 함께 사는 마을의 이름을 함께 부른답니다. 예를 들면, '탕보체에서 온 니마 셰르파' 라는 식입니다.

날씨 조사

우리는 제2 베이스캠프에 도착해서 텐트를 설치하였습니다. 날씨가 매우 좋지 않습니다. 바람이 많이 불고, 눈도 엄청 많이 내려 가만히 서 있기에도 힘에 부치네요. 이대로 등반을 강행하면 위험합니다. 그래서 우리는 날씨가 좋아질 때까지 베이스캠프에 머물기로 하였습니다. 우리 일행은 일지에 매일매일 있었던 일들을 기록합니다. 이제 마지막 고지를 향해 갈 준비를 하는데, 바람이 위협적이고 유난히 춥게 느껴집니다. 무사한 등반을 위해서 우리 일행은 일 년 동안 조사한 기온을 살펴보았습니다.

등반 일지

다른 장소의 기온을 알고 기온이 어떻게 변화할 것인지 이해해야 합니다. 다음 물음에 답해 보세요.

(1) 카트만두에서의 기온이 18°C였는데, 14°C가 올랐습니다. 몇 도입니까?

(2) 베이스캠프에서의 기온이 7°C였는데, 15°C가 떨어졌습니다. 몇 도입니까?

(3) 정상에서의 기온은 영하 19°C였는데, 14°C가 떨어졌습니다. 몇 도입니까?

(4) 라싸에서의 기온은 영하 6°C였는데, 14°C가 올랐습니다. 몇 도입니까?

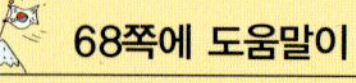

68쪽에 도움말이 있습니다.

도전 문제

DATA BOX 를 이용하여 다음 물음에 답해 보세요.

(1) 최고기온과 최저기온의 차이를 기온의 범위라고 합니다. 다음 지역의 기온의 범위가 얼마인가요?
  (a) 카트만두의 여름
  (b) 라싸의 겨울
  (c) 베이스캠프의 겨울
  (d) 정상의 여름

(2) 카트만두에서 겨울 최저기온과 정상의 겨울 최저기온의 차이는 얼마인가요?

(3) 여름의 최고기온과 겨울의 최저기온의 차이가 가장 큰 지역은 어디인가요?

DATA BOX 여름과 겨울의 기온

에베레스트 산 근처의 네 지역의 여름과 겨울의 최고기온과 최저기온을 나타낸 그래프입니다.

바람과 체감온도

바람이 몸 주위의 따뜻한 공기를 날려 버리기 때문에, 바람의 속도는 실제로 몸이 느끼는 온도에 영향을 줍니다.
이것을 '체감온도'라고 합니다.

70쪽의 '속력'과 '속도'를 참고하세요.

각 지역의 해발 고도

카트만두는 해발 1372m, 라싸는 해발3680m, 베이스캠프는 해발 5178m, 정상은 해발 8850m 위에 있습니다.

산 위에서의 식사

음식은 가능한 가벼우면서도 칼로리*가 높아야 합니다. 주로 비스킷, 초콜릿, 즉석식품이 그렇습니다. 안타깝게도 높은 곳에 오르면 고도의 영향으로 식욕이 떨어지기 마련이지요. 하지만 산에서는 하루에 7000에서 8000칼로리가 필요하기 때문에 먹을 수 있는 한 많이 먹어야 합니다. 또한 마실 것을 충분히 마셔서 몸에 탈수증상*이 생기지 않도록 해야 합니다. 온도가 낮아 물도 모두 얼어붙습니다. 그래서 물은 눈을 녹여서 얻습니다.

*칼로리 : 식품의 영양가를 열량으로 환산하여 나타낸 단위   *탈수증상 : 여러 가지 원인으로 체내의 수분이 과도하게 빠져나간 상태

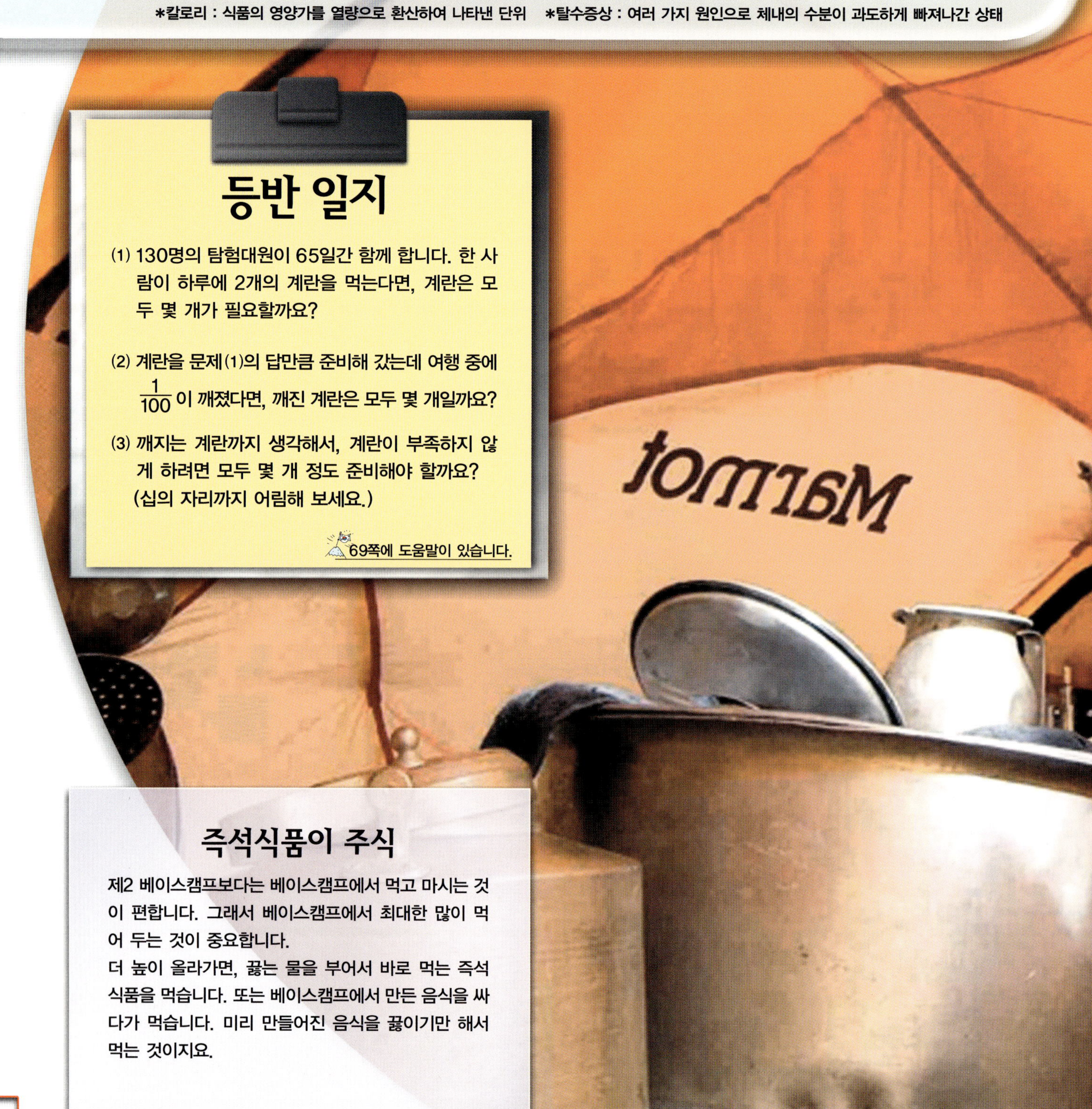

등반 일지

(1) 130명의 탐험대원이 65일간 함께 합니다. 한 사람이 하루에 2개의 계란을 먹는다면, 계란은 모두 몇 개가 필요할까요?

(2) 계란을 문제(1)의 답만큼 준비해 갔는데 여행 중에 $\frac{1}{100}$ 이 깨졌다면, 깨진 계란은 모두 몇 개일까요?

(3) 깨지는 계란까지 생각해서, 계란이 부족하지 않게 하려면 모두 몇 개 정도 준비해야 할까요? (십의 자리까지 어림해 보세요.)

69쪽에 도움말이 있습니다.

즉석식품이 주식

제2 베이스캠프보다는 베이스캠프에서 먹고 마시는 것이 편합니다. 그래서 베이스캠프에서 최대한 많이 먹어 두는 것이 중요합니다.
더 높이 올라가면, 끓는 물을 부어서 바로 먹는 즉석식품을 먹습니다. 또는 베이스캠프에서 만든 음식을 싸다가 먹습니다. 미리 만들어진 음식을 끓이기만 해서 먹는 것이지요.

DATA BOX 화장지

에베레스트 산에서는 화장지도 많이 필요하답니다!

화장지는 대부분 콧물을 닦는 데 사용합니다. 하지만 베이스캠프보다 높은 지역의 캠프에서 화장지는 접시와 컵을 닦는 데에 쓰이고, 엎지른 것을 닦는 데에도 쓰입니다. 또한 산소 마스크 안이 막혔을 때에도 화장지를 사용합니다. 그래서 한 사람이 매일 화장지를 $1\frac{1}{2}$롤씩 사용하게 된답니다.

가스도 필요해요

프로판 가스는 요리하거나 음식을 데울 때, 눈이나 얼음을 녹여 마시고 씻을 물을 만들 때 사용합니다.
프로판 가스는 베이스캠프나 제2 베이스캠프에서 음식을 먹는 텐트를 따뜻하게 하는 데도 사용됩니다. 그래서 원정대에게는 가스통도 많이 필요합니다. 조리할 때 가스레인지에서 나오는 기체는 직접 들이마시지 않아야 합니다. 일산화탄소* 에 중독될 수 있기 때문입니다.

*일산화탄소 : 색과 냄새가 없는 기체로 독성이 있음

도전 문제

화장지에 대한 위의
DATA BOX 를 보고 답하세요.

130명의 사람이 65일간 필요한 화장지는 모두 몇 롤인지 구해 보세요.

69쪽에 도움말이 있습니다.

정상을 향하여 출발!

날씨를 확인하여 제2 베이스캠프에서 정상을 향해 출발할 순간을 정해야 합니다. 바람에 따라서 산을 계속 오를지 아니면 은신처에서 잠시 쉬어야 할지 결정해야 합니다. 제2 베이스캠프를 떠나서 북동쪽 방향에 있는 캠프1을 향해 올라갑니다. 북쪽을 향해 약 8500m의 북동쪽 산등성이까지 간 뒤, 나머지는 고정된 로프를 이용하여 정상까지 오릅니다. 가는 도중에는 세 개의 다른 캠프에서 쉽니다. 그러나 높은 고도에서는 휴식조차도 매우 어렵답니다.

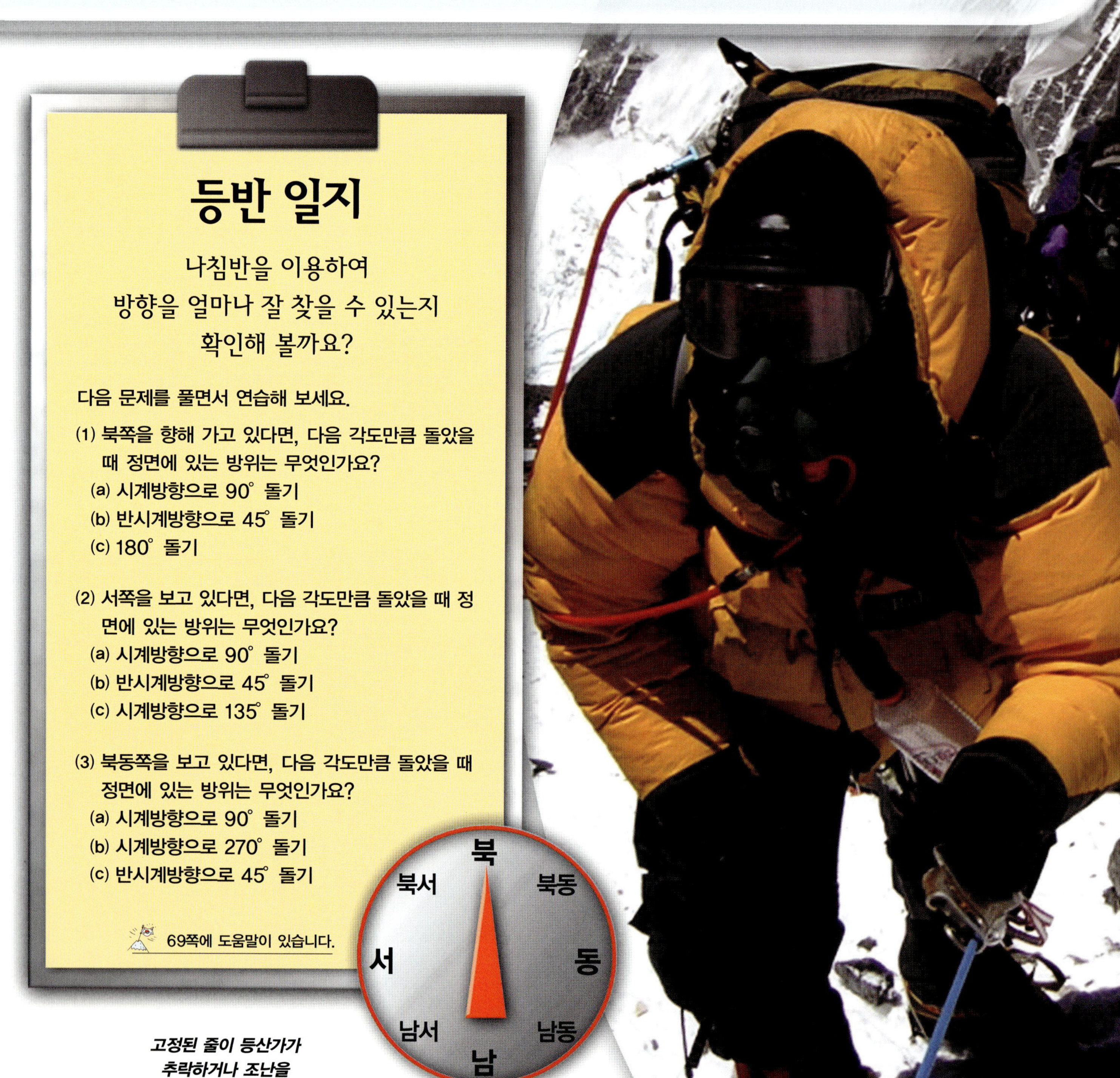

등반 일지

나침반을 이용하여
방향을 얼마나 잘 찾을 수 있는지
확인해 볼까요?

다음 문제를 풀면서 연습해 보세요.

(1) 북쪽을 향해 가고 있다면, 다음 각도만큼 돌았을 때 정면에 있는 방위는 무엇인가요?
  (a) 시계방향으로 90° 돌기
  (b) 반시계방향으로 45° 돌기
  (c) 180° 돌기

(2) 서쪽을 보고 있다면, 다음 각도만큼 돌았을 때 정면에 있는 방위는 무엇인가요?
  (a) 시계방향으로 90° 돌기
  (b) 반시계방향으로 45° 돌기
  (c) 시계방향으로 135° 돌기

(3) 북동쪽을 보고 있다면, 다음 각도만큼 돌았을 때 정면에 있는 방위는 무엇인가요?
  (a) 시계방향으로 90° 돌기
  (b) 시계방향으로 270° 돌기
  (c) 반시계방향으로 45° 돌기

69쪽에 도움말이 있습니다.

고정된 줄이 등산가가
추락하거나 조난을
당하는 것을 막아 줍니다.

DATA BOX 등반 경로

에베레스트 산 등반에서는 보통은 얼마나 멀리 갈까라는 말보다는 몇 시간을 걷는가라는 말을 사용합니다. 정상 가까이에서 750m를 오르는 데 4~5시간이 걸리는 반면, 산을 내려올 때는 2000m를 내려오는 데 1~2시간 밖에 걸리지 않습니다.

다음은 베이스캠프부터 정상까지 올라갔다가 내려오는 등반 경로의 고도, 거리, 시간을 나타낸 표입니다.

등반 경로	시작 지점과 끝나는 지점의 고도 (m)	거리 (km)	걸리는 시간 (시간)
베이스캠프부터 중간 지점까지	5200 ~ 5800	9	5 ~ 6
중간 지점부터 제2 베이스캠프까지	5800 ~ 6400	9	5 ~ 6
제2 베이스캠프부터 캠프 1까지	6400 ~ 7000	2	4 ~ 5
캠프 1에서 캠프 2까지	7000 ~ 7500	1.25	5 ~ 6
캠프 2에서 캠프 3까지	7500 ~ 7900	0.5	3 ~ 4
캠프 3에서 캠프 4까지	7900 ~ 8300	0.75	4 ~ 5
캠프 4에서 정상까지	8300 ~ 8850	1.25	6 ~ 7
정상에서 캠프 4까지	8850 ~ 8300	1.25	2 ~ 3
캠프 4에서 캠프 3까지	8300 ~ 7900	0.75	1 ~ 2
캠프 3에서 캠프 2까지	7900 ~ 7500	0.5	1 ~ 2
캠프 2에서 캠프 1까지	7500 ~ 7000	1.25	2 ~ 3
캠프 1에서 제2 베이스캠프까지	7000 ~ 6400	2	1 ~ 2

강한 자외선

에베레스트 산 정상 부근에는 오염 물질이 없기 때문에 자외선이 해수면 부근보다 매우 강합니다. 자외선은 우리 눈에는 보이지 않는 태양 광선 중 하나로 피부를 태웁니다. 또한 쌓인 눈에서 반사되는 자외선 때문에 반드시 뺨과 코를 비롯한 얼굴 전체를 보호해야 합니다. 몸의 다른 부위에는 보호 장비를 하고, 썬크림은 얼굴과 목에만 사용합니다.

도전 문제

DATA BOX 의 등반 경로 자료를 보고 답하세요.

(1) 파란색으로 색칠한 7개의 각 거리의 km 단위를 m 단위로 고치세요.

(2) 1000m를 2시간 동안 간다면 속력은 500m/시라고 합니다. 표의 걸리는 시간 중에서 가장 짧게 걸린 시간을 이용하여 다음 등반 경로의 속력을 구하세요. (단위는 m/시*를 이용합니다.)

(a) 제2 베이스캠프에서 캠프 1까지
(b) 캠프 1에서 캠프 2까지
(c) 캠프 4에서 캠프 3까지
(d) 캠프 1에서 제2 베이스캠프까지

*m/시 : 한 시간당 몇 m를 가는지의 빠르기

 69쪽에 도움말이 있습니다.

산소 부족

산을 오르는 것은 쉬운 일이 아닙니다. 산을 오를 때, 심장이 매우 빠르게 뛰는 소리를 들을 수 있습니다. 우리의 몸이 부족한 산소*를 얻기 위해 더욱 애쓰는 증거이지요. 심장이 빨리 뛰면 아플 수 있습니다. 심지어 헛것이 보이는 사람도 있어요. 산소가 부족하여 정신까지 어지러워진 것이랍니다. 호흡은 무겁고 정상까지 올라갈 수 있을지 자신이 없어집니다. 캠프 3(고도 7,900m)부터는 산소통으로 숨을 쉽니다. 또한 등반의 마지막 코스를 오르기 전에는 잠을 잘 때에도 산소통을 사용합니다.

*산소 : 사람이 숨쉴 때 없어서는 안되는 기체

등반 일지

DATA BOX 에서는 각 시간에 사용하는 산소의 양을 알려주고 있습니다.

자료를 보고, 다음 물음에 답하세요.

(1) 잠을 자는 다음 시간 동안, 산소를 몇 L나 사용하나요?

(a) 1분 동안   (b) 10분 동안

(c) 30분 동안   (d) 1시간 동안

(e) 8시간 동안   (f) 30초 동안

(g) 15초 동안

(2) 산을 오르는 다음 시간 동안, 산소를 몇 L나 사용하나요?

(a) 1분 동안   (b) 10분 동안

(c) 30분 동안   (d) 1시간 동안

(e) 8시간 동안   (f) 30초 동안

(g) 15초 동안

등반가들은 고도가 높아짐에 따라 자신과 동료들에게 어떤 일이 일어나는지 잘 알고 있어야 합니다.

심장 박동과 호흡

성인의 평상시 심장 박동수는 1분당 50회에서 90회입니다. 높은 고도에 있지 않고, 어떤 운동도 하지 않았을 때 잰 심장 박동수를 '안정시 심박수'라고 부릅니다.

운동을 시작하면, 우리 몸의 근육은 더 많은 산소를 필요로 하기 때문에 심장이 더 빨리 뛰고, 호흡도 가빠집니다.

또 높은 곳에 오르면, 공기 중에 산소가 부족하기 때문에 심장 박동과 호흡수가 더 많아지게 됩니다. 산소 탱크에 산소가 떨어지면, 몸은 즉시 붉어지면서 동상에 걸릴 위험이 높아집니다. 또한 움직임이 느려지고, 서서히 잠에 빠져듭니다. 그 결과로 저체온증에 걸리거나 심하면 죽을 수도 있습니다.

대부분은 캠프 3부터 산소통을 사용합니다.

산소통은 매우 비싸므로 끝까지 잘 써야 합니다. 산소통에서 산소가 나오는 양은 조절이 가능합니다.

잠을 잘 때에는 산소통에서 1분에 1L의 산소가 흘러나오도록 조절합니다. 산을 오를 때에는 1분당 2L의 산소가 흘러나오게 합니다. 이렇게 사용하면 한 통에 약 8시간까지 쓸 수 있습니다. 캠프 3부터 정상까지는 한 사람이 5개의 산소통을 사용하는데, 이를 아래에 그림그래프로 그려 놓았습니다.

산소통의 사용

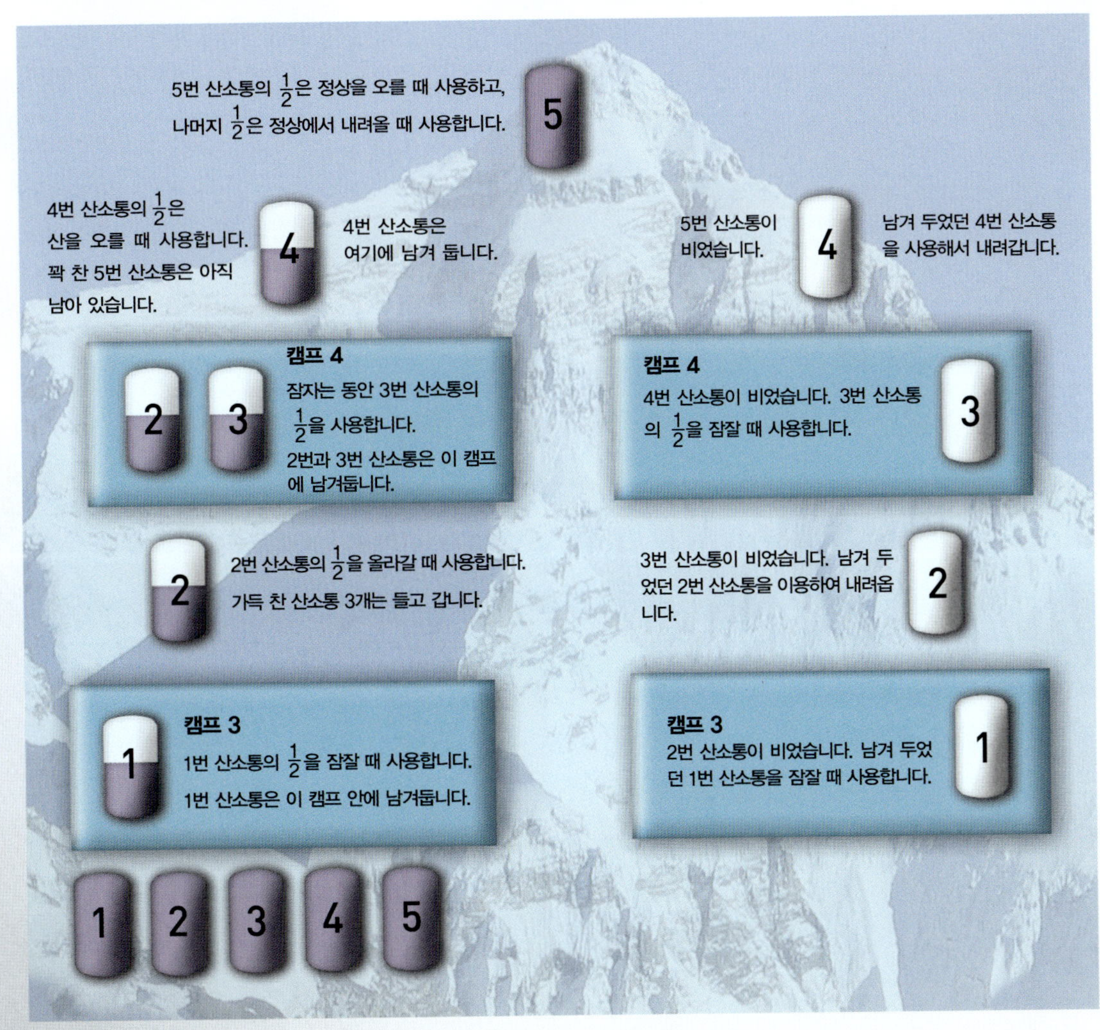

도전 문제

산소통을 1분에 4L씩 1시간 동안 쓴 후, 1분에 2L씩 2시간 동안 사용하고, 1분에 1L씩 8시간을 사용했더니 산소가 완전히 바닥났습니다.
같은 산소통으로 1분에 5L씩 쓴다면 몇 시간 동안 사용할 수 있을까요?

69쪽에 도움말이 있습니다.

정상에 오르다

마침내 성공하였습니다! 나는 지구에서 가장 높은 산인 에베레스트 산의 정상에 올랐습니다. 기쁨과 함께 주변을 둘러보며 이 곳에 올랐던 다른 등반가들을 떠올려 보았습니다. 1953년 5월 29일 오전 11시30분에 이 곳에 처음으로 다다른 에드먼드 힐러리와 텐징 노키가 떠오릅니다. 그들은 에베레스트 산 정상에 세 개의 깃발을 꽂았습니다. 영국기, 네팔기, 국제 연합(UN)기입니다. 초기에 올랐던 대부분의 탐험팀들은 국가를 대표하였으므로 정상에 자기 나라의 국기를 꽂는 것을 매우 자랑스러워 했습니다. 자, 그 기분을 함께 느껴 봅시다!

정상에 깃발을 꽂는 것은 등산가들이 계속 산을 오를 수 있는 힘의 원동력이 됩니다.

등반 일지

DATA BOX 에는 세계 여러 나라의 국기가 있습니다.

국기를 보고, 다음 물음에 답해 보세요.

(1) 국기에서 다음 색이 차지하는 부분을 분수로 나타내어 보세요.

  (a) 벨기에 국기에서 검정색

  (b) 아르헨티나 국기에서 하늘색

  (c) 리비아 국기에서 초록색

  (d) 타이완 국기에서 빨간색

(2) 문제 (1) 에서의 답을 백분율(%)로 나타내어 보세요.

(3) 빨간색이 차지하는 비율이 같은 국기는 어느 나라와 어느 나라의 국기인가요?

69쪽에 도움말이 있습니다.

DATA BOX 세계의 국기

아르헨티나 벨기에 네팔 체코

중국 그리스 리비아 오스트리아

타이완 수단 페루 남아프리카

작가의 말

러셀 브라이스

"에베레스트 산에 오를 때에는 정말 두려웠어요. 많은 옷을 껴입고, 큰 부츠를 신고, 큰 장갑과 산소 마스크, 고글을 쓰지요. 숨을 쉴 때마다 고글에 안개가 껴서 앞을 보기가 힘들었어요. 또한 머리에 달린 손전등도 산을 오르기에는 너무 어두웠지요. 몸이 잘 단련되고 강하다고 생각했지만 고도 때문에 한 번에 겨우 몇 걸음 떼는 것이 고작이어서 좌절했어요. 그래서 정상에 다다랐을 때의 느낌은 정말 '아, 등반이 끝났구나. 이제 돌아서 집에 갈 수 있구나.' 하는 안도감이었답니다. 물론 짜릿한 순간도 있었어요. 그렇지만 제2 베이스캠프로 돌아오기까지는 그런 순간을 만끽할 여유조차 없었어요. 제2 베이스캠프에 도착하여 잠시 쉴 때에야 내가 에베레스트 산 정상을 올랐다는 것이 실감나면서 그 순간을 즐길 수 있게 되었지요. 한 가지 분명한 것은 정상에 오르는 사람들은 자신감을 가지고 남은 삶을 살 수 있다는 점입니다."

도전 문제

(1) 국기에서 다음 색이 차지하는 부분을 분수로 나타내어 보세요.

(a) 체코 국기에서 남색

(b) 그리스 국기에서 파란색

(c) 수단 국기에서 초록색

(d) 남아프리카 국기에서 빨간색

(2) 문제 (1)에서 대답한 답을 각각 백분율로 어림해 보세요.

69쪽에 도움말이 있습니다.

마무리 도전 문제

산	높이
가야산	1430m
한라산	1.950km
금강산	1638m
속리산	105800cm
백두산	274400cm
설악산	1708m
내장산	0.753km
지리산	1915m
마니산	469400mm
오대산	1563m

[문제1~ 문제3] 왼쪽은 우리 나라 산의 높이를 나타낸 표입니다. 정상까지 올라가본 산이 있나요?

문제 1 가장 높은 산부터 순서대로 나열해 보세요.

문제 2 한라산과 같은 높이의 산을 세로로 몇 개 쌓는다면 에베레스트 산(8848m)의 높이를 넘을 수 있을까요?

문제 3 산에 올라갈수록 우리의 몸이 느끼는 온도는 낮아집니다. 바람이 강하게 불수록 더욱 춥게 느껴집니다.

(1) 높이 100m를 올라갈 때마다 온도는 약 0.6℃씩 낮아집니다. 제주도의 해발 50m 높이에 있는 관측소에서 잰 기온이 9℃일 때, 한라산 정상에서 잰 기온은 대략 얼마일까요?

(2) 초속 1m의 바람이 불 때마다 몸이 느끼는 온도는 평균 1.6℃씩 낮아집니다. 제주도에 전체적으로 초속 5m의 속도로 바람이 분다고 할 때, 문제(1)에서 구한 답을 이용하여 관측소와 한라산 정상에서 몸이 느끼는 기온이 각각 얼마인지 구해 보세요.

문제 4

오른쪽은 내가 7월 한 달 동안 달리기 훈련을 할 계획표입니다. 달력 속에서 쉬는 날짜만 모아서 적어 봅시다. 어떤 규칙이 있나요?

7월

월	화	수	목	금	토	일
		1 8km	2 8km	3 휴식	4 8km	5 8km
6 8km	7 8km	8 휴식	9 8km	10 8km	11 8km	12 8km
13 휴식	14 8km	15 8km	16 8km	17 8km	18 휴식	19 8km
20 8km	21 8km	22 8km	23 휴식	24 8km	25 8km	26 8km
27 8km	28 휴식	29 8km	30 8km	31 8km		

문제 5

나는 7월 1일부터 시작하여 4일을 훈련하고 1일을 쉬는 방식으로 7월부터 9월까지 훈련을 했습니다. 문제 4에서 발견한 규칙을 이용하여 아래 날짜가 쉬는 날인지 훈련하는 날인지 알아보세요.

(1)

3 4 5 6 7 8
10 11 12 13 14 15
17 18 19 20 21 22

8월 12일

(2)

10 11 12 13 14 15
17 18 19 20 21 22
24 25 26 27 28 29

8월 24일

(3)

7 8 9 10 11 12 13
14 15 16 17 18 19 20
21 22 23 24 25 26 27

9월 8일

(4)

14 15 16 17 18 19
21 22 23 24 25 26
28 29 30

9월 30일

성공을 위한 팁

STAGE ① 44–45쪽

[등반 일지]

큰 수의 뺄셈 : 큰 수의 뺄셈을 할 때에는, 자리를 맞추어 세로로 적어 계산합니다.

[도전 문제]

8을 곱한 값을 구하는 다른 방법은, 두 배한 값을 다시 두 배한 다음, 한 번 더 두 배하는 것입니다. (2×2×2=8)

예를 들어 125×8을 구할 때,
125의 두 배는 250, 250의 두 배는 500, 500의 두 배는 1000.
그러므로 125×8=1000입니다.

마일 단위를 킬로미터 단위로 바꾸는 다른 방법은 마일 단위에 1.6을 곱하는 것입니다. 왜냐하면 1마일은 약 1.6 km이기 때문입니다.

STAGE ② 46–47쪽

달력에서 요일을 볼 때는 세로줄의 위로 올라가서 보세요. 같은 세로줄 위의 날은 같은 요일입니다.

STAGE ③ 48–49쪽

[등반 일지]

두 연도 사이 시간 간격을 아는 방법 : 두 연도 사이에 몇 년이 흘렀는지 알려면, 큰 수에서 작은 수를 뺍니다. 수를 십의 자리끼리, 백의 자리끼리, 자리를 맞추어 세로로 적어 계산합니다.

$$
\begin{array}{r}
1936 \\
-\ 1865 \\
\hline
71
\end{array}
$$

따라서 1936년은 1865년으로부터 71년 뒤입니다.

[도전 문제]

먼저 5월 17일부터 5월 31일 사이에 며칠이 흘렀는지 알아봅니다. 여기서 나온 날수에 6월(30일), 7월(31일), 8월(31일)을 더하고, 9월의 23일을 더합니다.

STAGE ④ 50–51쪽

킬로그램과 그램 : 1000그램은 1킬로그램입니다.
그램을 킬로그램으로 바꿀 때에는 1000으로 나눕니다.
예를 들어, 4370g=4.37kg입니다.

 71쪽 '무게의 단위' 를 참고하세요.

STAGE ⑤ 52–53쪽

그래프 읽기

- **고도에 따른 산소량을 알고 싶을 때**
  그래프의 선에서 가로축까지 아래쪽으로 선을 그어 만난 눈금을 읽습니다.

- **산소량에 따른 고도를 알고 싶을 때**
  그래프의 선에서 세로축까지 왼쪽으로 선을 그어 만난 눈금을 읽습니다.

STAGE ⑥ 54–55쪽

[등반 일지]

3으로 나눌 때에는 3단 곱셈구구를 이용하세요.

3×1 =3	3×7 = 21
3×2 =6	3×8 = 24
3×3 =9	3×9 = 27
3×4 =12	3×10=30
3×5 =15	
3×6 =18	

40으로 나눌 때에는 먼저 10으로 나눈 다음 4로 나눕니다.

STAGE ⑦ 56–57쪽

[등반 일지]

기온이 오르면, 나타내는 수는 수직선에서 오른쪽으로 갑니다. 기온이 떨어지면, 나타내는 수는 수직선에서 왼쪽으로 갑니다. 예를 들어, −2보다 5 큰 수는 −2에서 오른쪽으로 5칸 간 곳의 수인 3입니다.

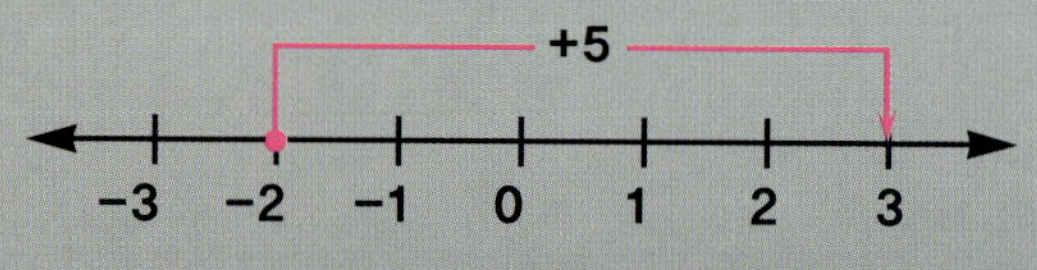

70쪽 '영하' 를 참고하세요.

[도전 문제]

최고기온은 막대의 가장 윗부분을 읽고, 최저기온은 막대의 가장 아랫부분을 읽습니다. 그래프의 큰 눈금 한 칸은 10℃이므로 30℃와 40℃의 가운데를 가리키면 35℃입니다.

STAGE 8 58~59쪽

[등반 일지]

- **130×65 계산하기**

  130×65는 65×130과 값이 같으며,
  65×100과 65×30의 값을 더하여 구할 수 있습니다.

  65×100=6500

  100을 곱하는 것은 곱해지는 수의 의 자릿수를 각각 왼쪽으로 두 칸씩 옮긴 후, 빈 칸에 0을 채웁니다.

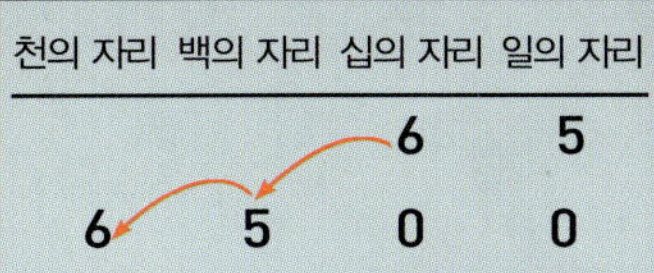

  65×30은 다시 65×3과 65×10의 값을 더하여 구할 수 있습니다.

  65×3=195
  65×10=650

  10을 곱하는 것은 곱해지는 수의 자릿수를 각각 왼쪽의 한 칸씩 옮긴 후 빈 칸에 0을 채웁니다.

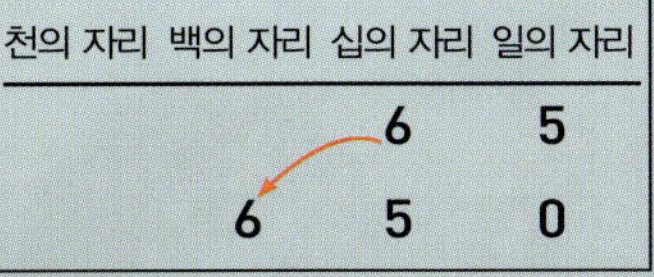

- **340÷100 계산하기**

  100으로 나눌 때에는 나눠지는 수의 자릿수를 오른쪽으로 두 칸씩 옮깁니다.

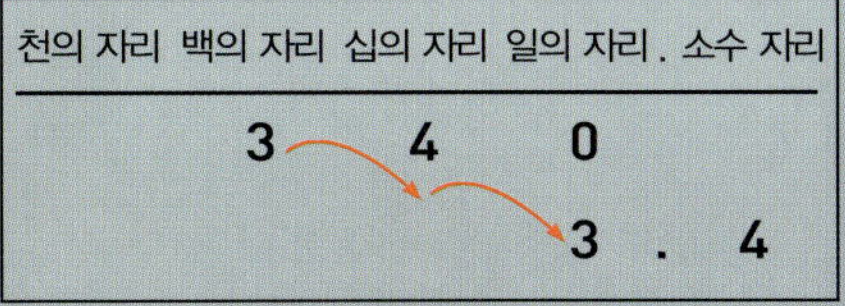

  340÷100=3.4 소수점 아래의 0을 지워도 됩니다.

[도전 문제]

한 사람이 하루에 $1\frac{1}{2}$롤을 사용하므로 이것을 곱해 줍니다.
[등반 일지]의 (1)−(a)에서 얻은 답을 이용하세요.

STAGE 9 60~61쪽

[등반 일지]

각도는 회전한 정도를 말합니다. 각도의 단위로는 도(°)를 사용합니다. 한 바퀴를 완전히 돈 것을 360°라 합니다. $\frac{1}{4}$바퀴 돈 것을 90°라 하고 다른 말로는 직각이라고 부릅니다. 직각이 4개 모이면 한 바퀴가 됩니다. 직각의 반은 45°입니다.

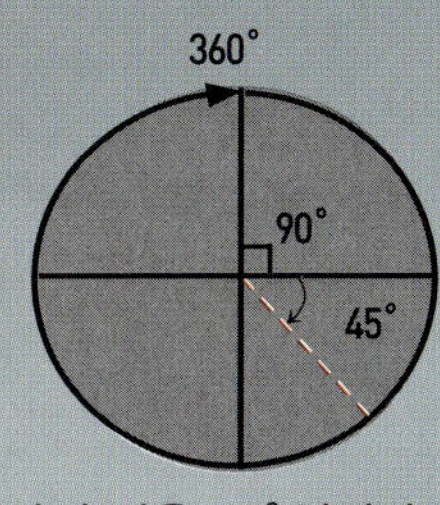

시계방향 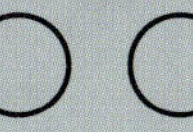 반시계방향

71쪽 '방위, 방향'을 참고하세요.

[도전 문제]

속도를 구할 때에는 거리를 시간으로 나눕니다. 예를 들면, 9km÷5시간=1.8km/시 또는 1800m/시입니다.

70쪽 '속력', '속도'를 참고하세요.

STAGE 10 62~63쪽

1분 동안 사용한 산소의 양을 구하기 위하여 먼저 전체 산소의 양을 알아냅니다.
4×1시간 + 2×2시간 + 1×8시간
위의 식으로 1분에 1L의 산소를 사용하였을 때, 산소통을 사용한 전체 시간을 알 수 있습니다.
1분당 5L의 산소를 사용하였을 때 산소통을 사용한 시간을 구하기 위하여 전체 시간(분)을 5로 나눕니다.

STAGE 11 64~65쪽

[등반 일지]

분수는 부분이 전체에서 얼마만큼의 양인지 알려줍니다. 예를 들면, 분수 $\frac{1}{5}$은 오른쪽 파란색 조각처럼 전체를 똑같이 5개로 나눈 것 중의 한 개를 의미합니다.

70쪽 '분수'와 71쪽 '비율' 참고하세요.

[도전 문제]

국기를 아래 그림과 같이 쪼개면 쉽게 풀 수 있습니다.

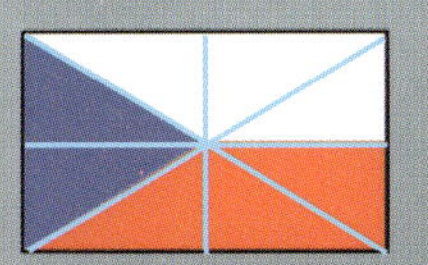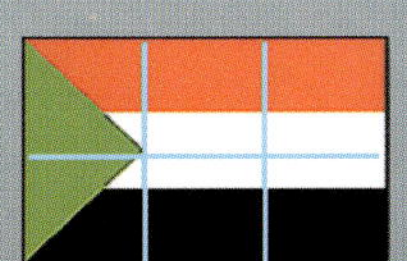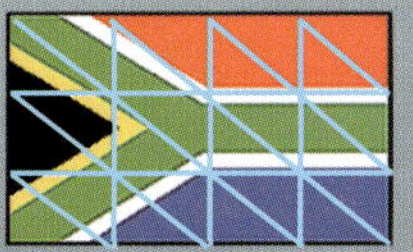

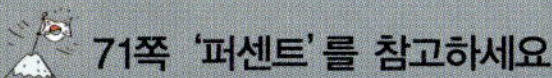

71쪽 '퍼센트'를 참고하세요.

분수

1을 똑같이 2로 나눈 것 중 하나의 크기는 전체의 $\frac{1}{2}$입니다. 전체가 1이 아닌 20이라면 20의 $\frac{1}{2}$은 10이 됩니다. 전체의 $\frac{1}{2}$의 크기가 14라면 전체의 크기는 14의 2배인 28입니다.

영하

온도계에서 '−'가 붙은 온도를 읽을 때 쓰는 말. 0℃보다 온도가 더 낮아질 경우 '−'를 붙여 온도를 나타냅니다. −20℃라면 영하 20도(씨)라고 읽습니다.

−10 , −20과 같은 수를 음수라고 합니다. 10℃는 0℃보다 10℃ 높은 것이고, −10℃는 0℃보다 10℃ 낮은 것입니다. 영하의 반대말은 '영상' 이라고 하나 쓸때는 보통 생략합니다.

아래 수직선에서 보는 것과 마찬가지로 0을 기준으로 오른쪽으로 갈수록 수가 커지고, 왼쪽으로 갈수록 수가 작아집니다. (온도계의 경우 위로 갈수록 수가 커지며, 아래로 갈수록 수가 작아집니다.) 1보다 2 작은 수는 −1입니다.

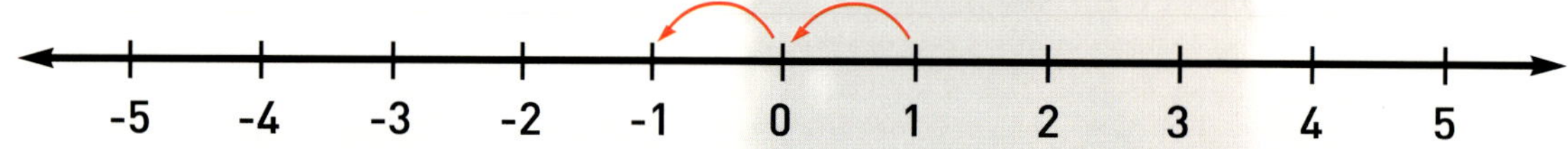

속력

단위시간 동안 이동한 거리. 일상생활에서 물체의 빠르기를 나타낼 때 사용되는 말입니다. 만일 1분이라는 같은 시간 동안 A는 100m를, B는 120m를 간다면 B의 속력이 A의 속력보다 빠르다고 말할 수 있습니다.

속력의 단위로는 m/초 (1초 동안 몇 m 갔는지), km/시 (1시간 동안 몇 km 갔는지) 등이 있습니다.

속도

얼마나 빨리 움직이는지를 나타내는 말로 속력과 비슷하지만 차이가 있습니다. 속력은 자동차를 타고 갈 때 계기판을 보면 알 수 있는 것처럼 단위시간당 이동거리를 나타내는 말입니다. 속도는 이동거리뿐만 아니라 이동방향까지 생각해서 나타내는 말로 속력과 크기가 항상 같을 수만은 없습니다.

<table>
<tr><td>무게의
단위</td><td>

1000g은 1kg과 같습니다.
무게의 덧셈이나 뺄셈을 할 때에는 같은 단위끼리 계산을 하되 '1000g=1kg'을 이용하여 받아올리거나 받아내립니다.

</td><td>

$$\begin{array}{r} \overset{1}{}1\text{kg } 200\text{g} \\ +\ 2\text{kg } 900\text{g} \\ \hline 4\text{kg } 100\text{g} \end{array} \qquad \begin{array}{r} \overset{4}{\cancel{5}}\text{kg } \overset{1000}{300}\text{g} \\ -\ 2\text{kg } 400\text{g} \\ \hline 2\text{kg } 900\text{g} \end{array}$$

</td></tr>
</table>

방위, 방향

방위와 방향은 같은 말로 쓰이고 있으며 북쪽에서 시계방향으로 90° 돌리면 동쪽, 동쪽에서 시계방향으로 45° 돌리면 남동쪽입니다. 반대로 남쪽에서 반시계방향으로 180° 돌리면 북쪽, 북쪽에서 반시계방향으로 135° 돌리면 남서쪽입니다.

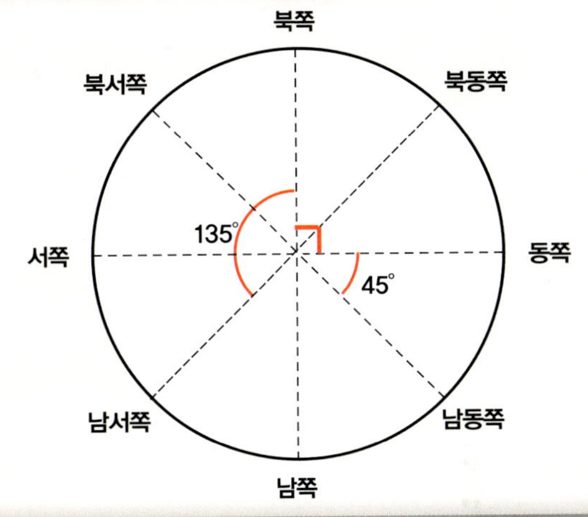

비율

전체를 똑같이 넷으로 나눈 하나를 빨간색으로 색칠했습니다. 그러면 빨간색으로 색칠한 부분의 비율은 전체의 $\frac{1}{4}$이라고 합니다. 이것을 소수로 0.25라고 할 수 있으며, 백분율로는 25%라고 할 수 있습니다.
이처럼 다른 수나 양(기준량)에 대한 어떤 수나 양(비교하는 양)의 비를 비율이라고 합니다.

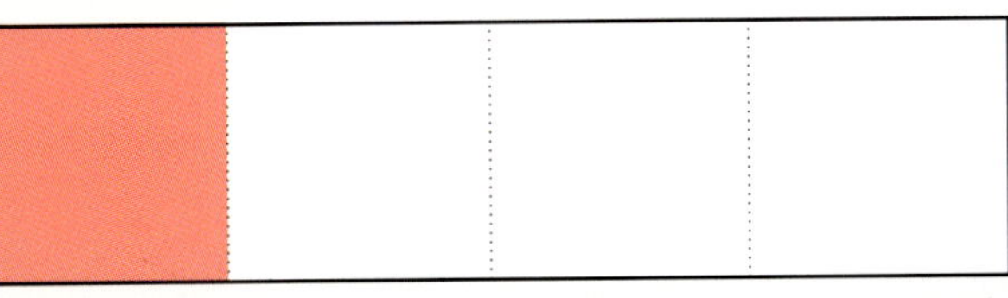

퍼센트

전체를 100으로 보았을 때, 차지하는 비율을 나타내는 방법으로 기호는 %로 나타냅니다. 35%는 분수로 나타내면 $\frac{35}{100}$입니다. 35%와 40%를 더하면 자연수의 덧셈과 같은 방법으로 하여 35%＋40%＝75%입니다. 마찬가지로 40%와 35%의 차이는 자연수의 뺄셈과 같은 방법으로 40%－35%＝5%입니다.

STAGE ❶ 12–13쪽

[생존 비법]

장비 세트 2

장비 세트 1 : 13+11+7+3=34(점)
장비 세트 2 : 17+9+7+5=38(점)
장비 세트 3 : 14+8+7+1=30(점)
장비 세트 4 : 17+13+5+1=36(점)
장비 세트 2가 38점으로 가장 높습니다.

[도전 문제]

5개 들이 장비 세트 : ① 칼, 톱, 비상용 부싯돌, 휴대용 냄비, 구급약품
② 칼, 톱, 비상용 부싯돌, 도끼, 침낭

8개 들이 장비 세트는 칼과 휴대용 냄비를 뺀 나머지 장비로 꾸렸습니다.

STAGE ❷ 14–15쪽

[생존 비법]

(1) 남쪽　　　(2) 동쪽　　　(3) 북서쪽
(4) 서쪽　　　(5) 북동쪽

(6) 90°　　　(7) 180°　　　(8) 270°　　　(9) 45°

[도전 문제]

(1) 교회
검은 산은 현재 위치에서 서쪽에 있습니다. 서쪽에서 출발하여 시계방향으로 90°를 돌았으므로 북쪽을 바라보게 될 것입니다. 북쪽에는 교회가 보입니다.

(2) 송전탑
편평한 바위는 현재 위치에서 북동쪽에 있습니다. 북동쪽에서 출발하여 90°를 반시계방향으로 돌았으므로 북서쪽을 바라보게 됩니다. 북서쪽에는 송전탑이 보입니다.

(3) 편평한 바위
농장 건물은 현재 위치에서 동쪽에 있습니다. 여기서 반시계방향으로 45°를 돌면 편평한 바위가 보입니다.

STAGE ❸ 16–17쪽

[생존 비법]

(1) (a) (1,5)　　　(b) (3,6)　　　(c) (5,3)
(2) (a) 징검다리　(b) 큰 나무　(c) 절벽
좌표는 먼저 가로에서 만나는 수를 읽고, 다음으로 세로로 만나는 수를 읽어 (가로, 세로)의 방법으로 나타냅니다.

[도전 문제]

(1) 늪지대　　　(2) 습지　　　(3) 나무다리

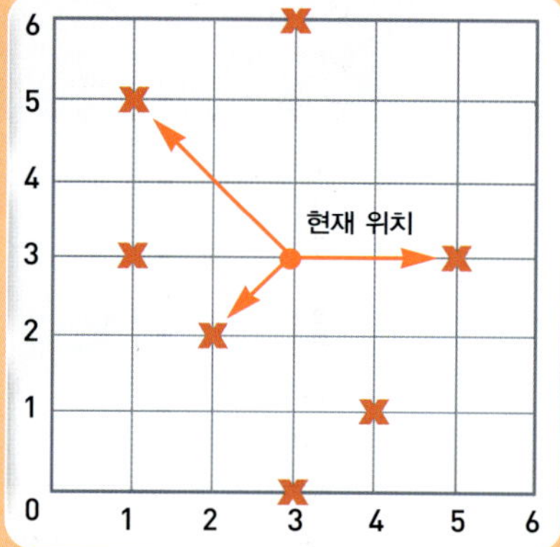

STAGE ❹ 18–19쪽

[생존 비법]

(1) 불 피우기와 은신처 만들기
필요한 정도가 가장 높은 것부터 먼저 합니다.

(2) 3시간 15분
불 피우기가 45분, 은신처 만들기가 150분으로 195분(3시간 15분)이 소요됩니다.

(3) 45분
4시간은 60분×4시간=240분입니다. 240분에서 195분을 쓰고 나면 45분이 남습니다.

[도전 문제]

(1) (a) 660분　　　(b) 11시간
210+150+45+105+150=660(분)
1시간은 60분이므로 660분은 11시간입니다.

(2) 음식 찾기, 물 찾기
5시간 15분을 분 단위로 나타내면 315분입니다. 음식 찾기 210분과 물 찾기 105분을 더하면 315분이 됩니다.

[생존 비법]

50cm=0.5m, 180cm=1.8m, 181cm=1.81m,
195cm=1.95m, 210cm=2.1m, 232cm=2.32m,
255cm=2.55m, 320cm=3.2m, 495cm=4.95m,
500cm=5m, 505cm=5.05m, 550cm=5.5m

[도전 문제]

(1) 50cm, 180cm, 181cm, 195cm, 210cm, 232cm, 255cm, 320cm, 495cm, 500cm, 505cm, 550cm

m 단위로 나열하면, 0.5m, 1.8m, 1.81m, 1.95m, 2.1m, 2.32m, 2.55m, 3.2m, 4.95m, 5m, 5.05m, 5.5m

(2) 0.5m→1m, 1.8m→2m, 1.81mm→2m, 1.95m→2m, 2.1m→2m, 2.32m→2m, 2.55m→3m, 3.2m→3m, 4.95m→5m, 5m→5m, 5.05m→5m, 5.5m→6m

구하려는 자리의 한 자리 아래의 숫자가 0, 1, 2, 3, 4이면 버림을 하고, 5, 6, 7, 8, 9이면 올림을 하는 것을 반올림이라고 합니다. 여기서는 0.1의 자리에서 반올림을 하여 일의 자리까지 나타냅니다.

2.32는 0.1의 자리의 수가 3이므로 버려서 2로 나타낼 수 있고, 5.5는 0.1의 자리의 수가 5이므로 올려서 6으로 나타낼 수 있습니다.

[생존 비법]

(a) 112.5cm　　(b) 125cm

(c) 162.5cm　　(d) 175cm

(a) 돌의 개수가 9개이므로 12.5×9=112.5(cm)입니다.

(b) 돌의 개수가 10개이므로 12.5×10=125(cm)입니다.

(c) 돌의 개수가 13개이므로 12.5×13=162.5(cm)입니다.

(d) 돌의 개수가 14개이므로 12.5×14=175(cm)입니다.

[도전 문제]

(1) A : 원기둥　　　B : 정육면체 (사각기둥)

　C : 원뿔　　　　D : 삼각뿔

　E : 삼각기둥　　F : 구　　　G : 사각기둥(직육면체)

F처럼 공 모양의 입체도형을 구라고 합니다. 구는 어느 방향에서 보거나 어느 평면으로 잘라도 원입니다.

(2) B, E, G

(3) B, G

[생존 비법]

(1) 1400mL

방법에 따라 120mL, 50mL, 270mL, 960mL를 얻을 수 있으므로 모두 합하면 1400mL가 됩니다.

(2) 1L가 넘습니다.

1L는 1000mL이므로 1400mL는 1.4L로 1L보다 많습니다.

(3) 아니오

$1\frac{1}{2}$L는 1.5L이고 $2\frac{1}{2}$L는 2.5L이므로 모은 1.4L의 물로는 부족합니다.

(4) $10\frac{1}{2}$L 또는 10.5L

일주일은 7일이므로 $1\frac{1}{2} \times 7 = \frac{21}{2} = 10\frac{1}{2}$, 즉 10.5L가 됩니다.

[도전 문제]

3L 들이 깡통을 가득 채워서 5L 들이 깡통에 붓습니다. 3L 들이 깡통을 다시 가득 채워서 5L 들이 깡통이 가득 찰 때까지 붓습니다. 그러면 5L 들이 깡통에 2L가 들어가고 3L 들이 깡통에 남은 물의 양이 1L가 됩니다.

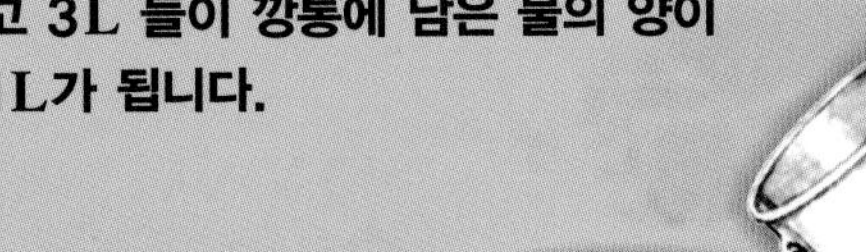

STAGE ❽ 26–27쪽

생존 비법

(1) 잎 **(2)** 견과류 **(3)** 33개
(4) 18개 **(5)** 6개 **(6)** 30개

○는 12개이므로 ◖는 ○의 반인 6개, ◗는 ○의 $\frac{1}{4}$인 3개, ◔는 ○의 $\frac{3}{4}$인 9개입니다.

(1) 그림의 양이 가장 많은 것을 찾습니다.
(2) 그림의 양이 가장 적은 것을 찾습니다.
(3) ○가 2개이면 24개, ◔는 9개이므로 모두 33개입니다.
(4) ○가 1개이면 12개, ◖는 6개이므로 모두 18개입니다.
(5) 잎은 열매보다 ◖만큼 더 많으므로 6개 더 많은 것입니다.
(6) 벌레의 수는 견과류보다 ○○◖만큼 더 많으므로 30개 더 많은 것입니다.

[도전 문제]

177개

종류	개수(개)
열매	39
뿌리	18
견과류	6
잎	45
벌레	36
꽃	33
합계	177

STAGE ❾ 28–29쪽

생존 비법

5번

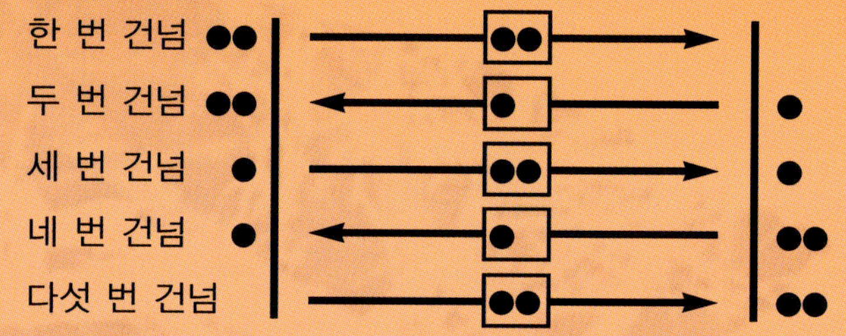

[도전 문제]

34분

위의 [생존 비법]의 해설 그림을 보세요.
두 사람이 건너는 경우는 3번이고 한 사람이 건너는 경우는 2번입니다. 따라서 $6 \times 3 + 8 \times 2 = 18 + 16 = 34$(분)이 걸립니다.

STAGE ❿ 30–31쪽

생존 비법

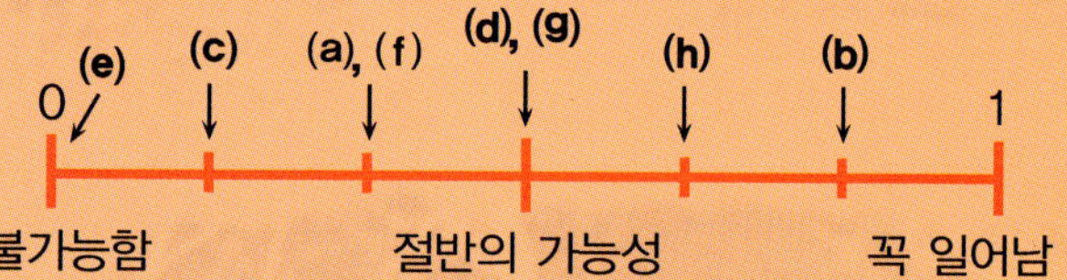

수직선은 1을 똑같이 6으로 나누었으므로 한 칸의 크기는 $\frac{1}{6}$입니다.

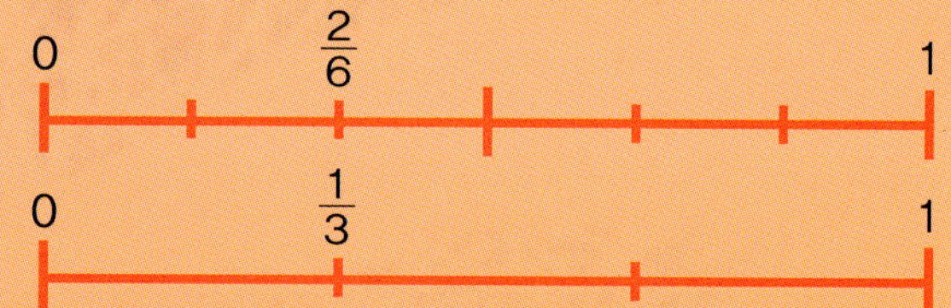

위 그림과 같이 1을 6으로 나눈 것 중 2와 1을 3으로 나눈 것 중 1은 크기가 서로 같습니다.

[도전 문제]

(1) 계절에 따라 달라집니다. 매우 드문 일, 드문 일, 자주 일어남, 매우 자주 일어남. (장마철이라면 '매우 자주 일어남'이고, 아주 추운 겨울철이라면 '매우 드문 일'일 것입니다.)

(2) 꼭 일어남

(3) 매우 드문 일

(4) 불가능함

(5) 절반의 가능성

일어날 가능성에 높은 것과 낮은 것, 가능성이 거의 없는 것과 반드시 일어날 수 있는 것 등을 구별하도록 합니다. 이번 도전 문제에서는 완전한 정답은 없지만 어느 정도의 가능성인지는 알고 넘어가야 합니다.

STAGE 11 32–33쪽

생존 비법

(1) 9번 (짧은 신호 : 6번 / 긴 신호 : 3번)

SOS : ● ● ● ━ ━ ━ ● ● ●

(2) (a) 34번 (짧은 신호 : 15번 / 긴 신호 : 19번)

Come quickly : ━ ● ━ ● ━ ━ ● ━ ━ ● ● ● ━ ● ━ ━ ● ━ ● ● ━ ● ● ● ━

(b) 35번 (짧은 신호 : 24번 / 긴 신호 : 11번)

Injured child : ● ● ━ ● ● ● ● ● ━ ● ● ● ● ● ● ● ● ● ● ● ● ● ● ●

(c) 24번 (짧은 신호 : 13번 / 긴 신호 : 11번)

Broken Leg : ━ ● ● ● ● ━ ● ● ━ ● ━ ● ━ ● ● ●

[도전 문제]

360번

1분에 호루라기를 6번 불면, 1시간은 60분이므로 6×60=360(번) 불게 됩니다.

[마무리 도전 문제]

1. 약 350m

눈금자의 50m를 단위길이로 어림해 보면, 파란색 길은 단위길이가 7개 정도이므로 약 350m라고 생각할 수 있습니다.

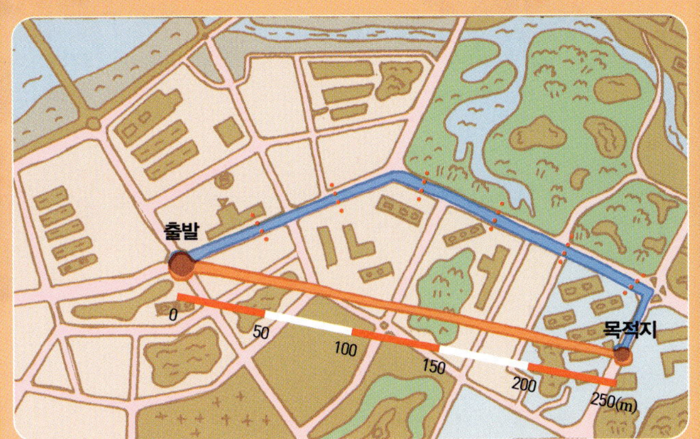

2. (1) 115보

오르막길은 100m를 가는 데 230보를 걸으므로 50m는 230보의 반인 115보를 걷습니다.

(2) 365보

오르막길 150m는 230＋115=345(보),
내리막길은 100m를 가는 데 80보를 걸으므로 25m는 80÷4=20(보)를 걷습니다. 따라서 총 345＋20＝365(보)입니다.

3. 혁준–예지–동영–범진–효경–건희

번호 순서대로 출발하였고, 4분 간격이므로 가장 먼저 출발 시간을 써 넣고 생각하면 편리합니다.

참가 번호	이름	출발 시간	도착 시간	걸린 시간
1	건희	09 : 28	10 : 43	75분
2	효경	09 : 32	10 : 18	46분
3	혁준	09 : 36	10 : 08	32분
4	예지	09 : 40	10 : 13	33분
5	동영	09 : 44	10 : 20	36분
6	범진	09 : 48	10 : 28	40분

4. (1) A, B, E, G

A 는 원기둥, B, E, G는 각기둥입니다.

(2) 공통점 : D와 E는 밑면의 모양이 삼각형으로 같습니다.

차이점 : D는 밑면이 1개, E는 밑면이 2개입니다.

D는 삼각뿔, E는 삼각기둥입니다.

STAGE ① 44-45쪽

[등반 일지]

(1) 8844m

(2) 로체 산

(3) (a) 258m   (b) 677m   (c) 382m
     (d) 688m   (e) 233m   (f) 328m   (g) 643m

(4) 약 5마일

마나슬루 산은 26758피트이고, 1마일은 5280피트이므로 $26758 \div 5280 = 5.067\cdots$ 입니다. 따라서 약 5마일입니다.

[도전 문제]

(a) 7360km   (b) 12160km   (c) 16480km
(d) 5280km   (e) 9920km   (f) 9760km

도시 이름	거리(마일)	거리(km)
(a) 런던	4600	$4600 \div 5 \times 8 = 7360$
(b) 뉴욕	7600	$7600 \div 5 \times 8 = 12160$
(c) 부에노스 아이레스	10300	$10300 \div 5 \times 8 = 16480$
(d) 도쿄	3300	$3300 \div 5 \times 8 = 5280$
(e) 케이프타운	6200	$6200 \div 5 \times 8 = 9920$
(f) 시드니	6100	$6100 \div 5 \times 8 = 9760$

STAGE ② 46-47쪽

[등반 일지]

(1) (a) 6일   (b) 25일   (c) 200km

(c) 8km씩 25일을 뛰었으므로 총거리는 $8 \times 25 = 200$(km)입니다.

(2) 56분

1km 뛰는데 7분이 걸렸으므로, 8km는 $8 \times 7 = 56$(분)이 걸립니다.

(3) 운동 한지 5일째 되는 날마다 쉽니다.

쉬는 날은 5, 10, 15, 20, 25, 30로 5일에 한 번씩 쉽니다.

[도전 문제]

(1) (a) 4일

5번의 금요일 중 1번 쉽니다.

(b) 3일

4번의 토요일 중 1번 쉽니다.

(c) 화요일

(STAGE) · · ·

(2) 16시간 40분

7월 한 달간 총 200km를 달렸으므로 총 걸린 시간은 $200 \times 5 = 1000$(분)입니다.

따라서 16시간 40분 동안 달리기 훈련을 한 것입니다.

(3) (a) 152km   (b) 168km   (c) 128km

운동한 날만 색칠했습니다.

총 운동한 날수는 (a)19일, (b)21일, (c)16일이므로 운동한 날수에 8을 곱합니다.

STAGE ③ 48-49쪽

[등반 일지]

(1) 1865년

(2) (a) 56년   (b) 87년   (c) 88년

(3) (a) 22년   (b) 25년   (c) 27년

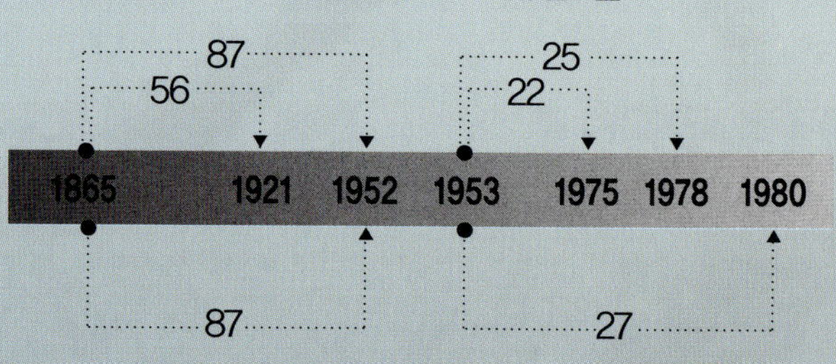

[도전 문제]

(1) 130일

5월달에는 15일, 6월은 30일, 7~8월은 각각 31일, 9월달은 23일이므로 $15+30+31+31+23 = 130$(일)입니다.

(2) 3120시간

1일은 24시간이므로 $130 \times 24 = 3120$(시간)입니다.

[등반 일지]

(a) **300g**　　(b) **30g**　　(c) **100g**
(d) **560g**　　(e) **1425g**　　(f) **620g**
(g) **590g**　　(h) **1415g**

[도전 문제]

(a) **4475g**　　(b) **4.475kg**

등반용 고리 4개 : 각 75g → 총 300g
납작한 끈 형태의 보조로프 2개 : 각 15g → 총 30g
등산용 아이젠 2개 : 420g → 총 840g

[등반 일지]

(1) (a) **4000m**　　(b) **5500m**　　(c) **1500m**
　　(d) **3000m**　　(e) **약 8250m**　　(f) **약 750m**
(2) (a) **60%**　　(b) **70%**　　(c) **약 88%**
　　(d) **약 47%**　　(e) **약 40%**　　(f) **약 63%**

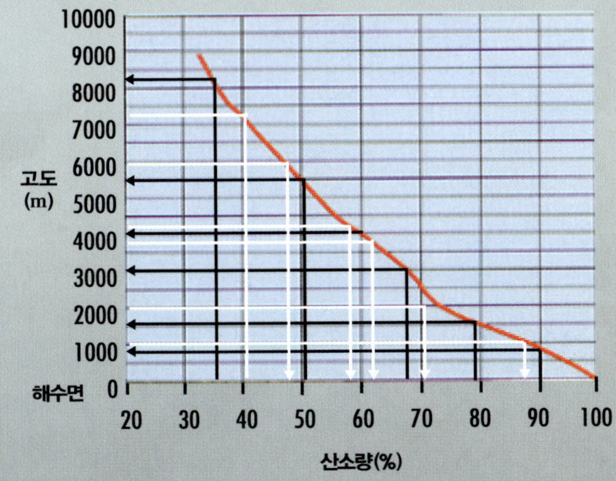

(1) (e) 산소량 35%를 따라 위로 올라가면 8500m와
8500m의 가운데와 만나므로 약 8250m입니다.

　(f) 산소량 91%를 따라 위로 올라간 지점은 500m와
1000m의 가운데이므로 약 750m입니다.

(2) (c) 고도 1000m를 따라 아래로 내려가면 산소량 80%
와 90% 사이에서 90%쪽으로 더 가까운 약 88% 지
점입니다.

[도전 문제]

(1) **10%**
　4000에서 2500m로 내려가면 산소량이 60%에서
　70%로 10% 늘어납니다.
(2) **15%**
　5500m에서 8000m로 올라가면 산소량이 50%에서
　35%정도로 15% 줄어듭니다.
(3) **약 2500m**
　2500m에서 산소량이 70%가 되는 것을 볼 수 있습니다.
　따라서, 2500m이상 올라가면 산소량은 70% 이하로 떨
　어지게 됩니다.

[등반 일지]

(1) (a) **5명**　　　　(b) **8명**
　　(c) **9명**　　　　(d) **11명**
　야크 3마리당 돌볼 사람 1명이 필요합니다.
　(a) 15÷3=15 (b) 24÷3=8 (c) 27÷3=9 (d) 33÷3=11
(2) (a) **2마리**　　　　(b) **10마리**
　　(c) **25마리**　　　　(d) **300마리**
　야크 1마리가 40kg의 짐을 나를 수 있습니다.
　(a) 80÷40=2　　　(b) 400÷40=10
　(c) 1000÷40=25　　(d) 12000÷40=300
(3) **190.40파운드**
　야크 1마리에 6.20파운드이고, 돌볼 사람 한 명은 일당
　8.60파운드이므로 (6.20×3+8.60)×7=190.40(파
　운드)가 필요합니다.

[도전 문제]

(a) **300마리**
　야크 1마리가 40kg의 짐을 나를 수 있으므로
　12000÷40=300(마리)가 필요합니다.

(b) **100명**
　야크 3마리당 1명이 필요하므로 300÷3=100(명)을
　고용해야 합니다.

(c) **2720파운드**
　300×6.20+100×8.60=1860+860=2720(파운드)

(d) **19040파운드**
　하루에 2720파운드이므로 일주일 동안에는
　2720×7=19040(파운드)가 듭니다.

정답 및 해설

[등반 일지]

(1) 32℃
18℃에서 14℃ 오른 것은 18+14=32(℃)입니다.

(2) −8℃
7℃에서 먼저 7℃ 떨어지면 0℃이고, 이어서 8℃ 떨어지면 −8℃입니다.

(3) −33℃
영하 19℃는 −19℃이고, 여기서 14℃ 아래로 떨어지면 −33℃입니다.

(4) 8℃
−6℃에서 6℃ 오르면 0℃, 여기서 8℃ 더 오르면 8℃입니다.

[도전 문제]

(1) (a) 20℃
카트만두의 여름 : 15℃~35℃

(b) 약 19℃
라싸의 겨울 : 약 −7℃~12℃

(c) 40℃
베이스캠프의 겨울 : −30℃~10℃

(d) 35℃
정상의 여름 : −40℃~−5℃

(2) 55℃
카트만두 겨울 최저기온은 5℃이고, 정상의 겨울 최저기온은 −50℃입니다.

(3) 베이스캠프
그래프의 노란 막대의 위쪽 끝과 푸른 막대의 아래쪽 끝의 차이가 가장 큰 것을 찾습니다. 베이스캠프의 차이가 가장 큽니다.

[등반 일지]

(1) 16900개
130×65×2=16900

(2) 169개
16900÷100=169

(3) 약 17070개
깨지는 계란까지 준비하면 16900+169=17069(개)의 계란이 필요합니다. 몇십 개로 어림하면 약 17070개입니다.

[도전 문제]

12675롤
한 사람이 하루에 $1\frac{1}{2}$롤을 사용합니다. $1\frac{1}{2}$은 1.5이므로 130명이 65일간 사용하는 화장지의 양은 130×1.5×65=12675(롤)입니다.

[등반 일지]

(1) (a) 동쪽 (b) 북서쪽 (c) 남쪽
북쪽에서 180° 회전은 시계방향이나 반시계방향이나 모두 남쪽을 바라보게 됩니다.

(2) (a) 북쪽 (b) 남서쪽 (c) 북동쪽

(3) (a) 남동쪽 (b) 북서쪽 (c) 북쪽

[도전 문제]

(1) (위부터) 9000m , 9000m, 2000m, 1250m, 500m, 750m, 1250m
1km=1000m를 이용합니다.

(2) (a) 500m/시
제2 베이스캠프에서 캠프 1까지 걸린 시간은 4시간이고 거리는 2000m입니다. 따라서 1시간에 500m를 갈 수 있습니다. 따라서 속도는 500m/시가 됩니다.

(b) 250m/시
1250m를 5시간 동안 갔습니다. 1250÷5=250으로, 1시간에 250m를 갑니다. 따라서 속도는 250m/시가 됩니다.

(c) 750m/시
750m를 1시간 동안 갔습니다.
따라서 속도는 750m/시가 됩니다.

(d) 2000m/시
2000m를 1시간 동안 갔습니다.
따라서 속도는 2000m/시가 됩니다.

[등반 일지]

(1) (a) 1 L (b) 10 L (c) 30 L

(d) 60 L (e) 480 L (f) $\frac{1}{2}$ L 또는 500 mL

(g) $\frac{1}{4}$ L 또는 250 mL

잠을 잘 때에는 산소를 1분에 1L씩 나오게 합니다.
1L는 1000mL입니다.

(2) (a) 2 L (b) 20 L (c) 60 L

(d) 120 L (e) 960 L (f) 1 L

(g) $\frac{1}{2}$ L 또는 500 mL

산을 오를 때에는 산소를 1분에 2L씩 나오게 합니다.

[도전 문제]

3시간 12분 또는 3.2시간

1분에 4L씩 1시간 : $60 \times 4 = 240$ (L)

1분에 2L씩 2시간 : $(60 \times 2) \times 2 = 240$ (L)

1분에 1L씩 8시간 : $60 \times 8 = 480$ (L)

사용한 산소의 양은 총 960L입니다. 이것을 1분에 5L씩 사용한다면 192분을 사용할 수 있습니다. 따라서 3시간 12분 동안 사용할 수 있습니다.

[등반 일지]

(1) (a) $\frac{1}{3}$ (b) $\frac{2}{3}$ (c) 1 (d) $\frac{3}{4}$

(2) (a) 약 33% (b) 약 66% (c) 100% (d) 75%

(3) **오스트리아와 페루**

오스트리아와 페루의 국기에서 빨간색이 차지하는 비율이 $\frac{2}{3}$로 같습니다.

[도전 문제]

(1) (a) $\frac{2}{8}$ 또는 $\frac{1}{4}$ (b) 약 $\frac{5}{9}$ ($\frac{5}{9}$를 조금 넘음)

(c) $\frac{2}{12}$ 또는 $\frac{1}{6}$ (d) $\frac{5}{24}$

(2) (a) 25% (b) 약 55% 또는 56%

(c) 약 16% 또는 17% (d) 약 21%

[마무리 도전 문제]

1. **백두산, 한라산, 지리산, 설악산, 금강산, 오대산, 가야산, 속리산, 내장산, 마니산**

모두 m 단위로 바꾸어 비교하면 편리합니다.

가야산 – 1430 m, 한라산 – 1950 m,
금강산 – 1638 m, 속리산 – 1058 m,
백두산 – 2744 m, 설악산 –1708 m,
내장산 – 753 m, 지리산 – 1915 m,
마니산 – 469.4 m, 오대산 – 1563 m

2. **5개**

한라산의 높이는 1950m이고 에베레스트 산의 높이는 8844m로 한라산을 4개 쌓으면 7800m로 에베레스트 산의 높이를 넘지 못하고, 5개 쌓아야 9750m로 에베레스트 산의 높이를 넘을 수 있습니다.

3. (1) **영하 2.5℃**

관측소와 한라산 정상의 높이의 차는 1950−50= 1900(m)입니다. 100m 올라갈 때마다 0.6℃씩 떨어지므로, 0.6×19=11.5℃가 떨어집니다. 9℃에서 11.5℃가 떨어지면, 영하 2.5℃(−2.5℃)입니다.

(2) **관측소에서 몸이 느끼는 온도 : 9℃−8℃ = 1℃**

한라산 정상에서 몸이 느끼는 온도 : 영하 2.5℃ − 8℃
= 영하 10.5℃

초속 1m의 바람이 불 때마다 1.6℃가 떨어지므로, 초속 5m의 바람이 불 때는 5×1.6℃=8℃가 떨어집니다.

4. **5씩 커지는 규칙입니다.**

3, 8, 13, 18, 23, 28은 5씩 커지는 규칙입니다.

5. (1) **훈련하는 날**
   (2) **쉬는 날**
   (3) **쉬는 날**
   (4) **훈련하는 날**

7월과 8월은 모두 31일까지 있습니다. 8월 1일은 훈련한지 32일째 되는 날이고, 8월 12일은 훈련한지 43일째, 8월 24일은 훈련한지 55일째, 9월 8일은 훈련한지 70일째, 9월 30일은 훈련한지 92일째 되는 날입니다.

4일 훈련하고 하루 쉬므로 같은날이 5일마다 반복됩니다. 훈련한지 며칠 째 되는 날을 5로 나누었을 때 나머지가 없으면 쉬는 날입니다.

디스커버리 수학 4권

1판 1쇄 | 2008년 10월 27일
지은이 | 힐러리 콜 Hilary Koll, 스티브 밀스 Steve Mills,
조니 크로켓 Jonny Crockett, 러셀 브라이스 Russell Brice
옮긴이 | 나온교육연구소

펴낸이 | 김영곤

개발실장 | 이유남
책임개발 | 조국향
기획개발 | 신동한, 신정숙, 김수경, 탁수진, 조국향
마케팅 | 주명석, 김연주, 김보미
영업 | 최창규, 서재필, 홍경욱
디자인 | 씨디자인

펴낸곳 | ㈜ 북이십일 아울북
등록번호 | 제10-1965호

주소 | 경기도 파주시 교하읍 문발리 파주출판정보산업단지 518-3(413-756)
전화 | 031-955-2154(마케팅), 031-955-2116(영업), 031-955-2444(내용문의)
팩스 | 031-955-2177

홈페이지 | www.keystudy.co.kr

값 10,000원
ISBN 978-89-509-1592-6
세트 ISBN 978-89-509-1604-6

USING
MATHS